钻石分级与检验实用教程（新版）

廖任庆　郭杰　刘志强◎编著

上海人民美术出版社

图书在版编目 (CIP) 数据

钻石分级与检验实用教程：新版 ／ 廖任庆，郭杰，
刘志强著 . –– 上海：上海人民美术出版社 ,2021.4
ISBN 978-7-5586-1605-1

Ⅰ．①钻… Ⅱ．①廖… ②郭… ②刘… Ⅲ．①钻石－
分级② 钻石－检验 Ⅳ．① TS933.21

中国版本图书馆 CIP 数据核字 (2021) 第 026235 号

本书图片版权归作者所有，盗版必究

图文策划：张旻蕾

钻石分级与检验实用教程（新版）

编　　著：廖任庆　郭　杰　刘志强
策　　划：张旻蕾
责任编辑：潘志明
技术编辑：陈思聪
图片调色：徐才平
出版发行：上海人民美术出版社
　　　　　上海长乐路672弄33号
印　　刷：上海颛辉印刷厂有限公司
开　　本：889×1194　1/16
印　　张：10
版　　次：2021 年 4 月第 1 版
印　　次：2021 年 4 月第 1 次
书　　号：ISBN 978-7-5586-1605-1
定　　价：88.00 元

序 言

钻石源自远古，孕育于地球深部。自然界中，绝大多数具有经济价值的钻石孕育在距地表以下 140 ~ 200 公里处，即形成于上地幔特定的地质环境中，随后被寄主金伯利岩浆或钾镁煌斑岩浆快速携带到近地表或地表。

每当提及钻石，人们会自然联想到南非。然而，最先发现钻石的地方并不是南非，而是公元前四世纪的印度恒河流域。迄今，世界上共有三十多个国家拥有钻石资源，主要分布在非洲（南非、纳米比亚、博茨瓦纳、扎伊尔、安哥拉、津巴布韦等地），俄罗斯，澳大利亚和加拿大等地，我国辽宁瓦房店和山东蒙阴地区及湖南沅江流域亦有少量产出。

20 世纪中期，美国宝石学院 (GIA) 首创钻石品质评价体系，从颜色 (color)、净度 (clarity)、切工 (cut) 及质量 (carat) 四个方面对钻石的品质进行等级划分，简称钻石 4C 分级。该体系随钻石市场交易的需求应运而生，并面向全球业内逐步推广钻石 4C 分级标准。随后，国际珠宝联盟 (CIBJO)、比利时钻石高层议会（HRD）、国际钻石委员会 (IDC) 等机构先后制订了不同版本的钻石分级标准。1996 年我国国家珠宝玉石质量监督检验中心制订钻石分级国家标准（GB/T16554-1996），于 1997 年 5 月 1 日正式颁布实施。进入 21 世纪后，由国内外各研究机构制定的钻石 4C 分级标准趋于统一，其品质评价内容更加合理和完善。

《钻石分级与检验实用教程》由作者汇集多年的钻石教学、科研、鉴定等工作经验，并广泛参阅国内外各钻石分级标准，吸取国内已出版同类教材的精华，结合最新钻石研究成果和市场信息编著而成。该教材系统论述了钻石的基础理论知识、钻石 4C 分级的基本概念、钻石 4C 分级的基本技法、钻石与钻石仿制品的鉴定方法等专业知识，其最大特点是理论知识的系统性和操作方法的实用性。

全书层次分明，概念清晰，内容充实，图文并茂，既可作为大专院校宝石学专业的相应教材，也可作为钻石加工、鉴定、分级、商贸等从业人员的专业参考书和工具书。

亓利剑　2017 年 7 月于同济大学

目录

附录

参考文献

绪论

钻石是目前市场销售份额最大的珠宝品种，也是目前市场对真伪鉴别与品质分级检测需求量最大的品种。

本书基于目前珠宝检测中心钻石检验与分级的流程和环节（图1），进行相关内容的编排。全书将内容分成两个章节内容：钻石真伪鉴别，出具宝玉石鉴定证书和钻石"4C"分级，出具钻石分级证书（图2～图5）。

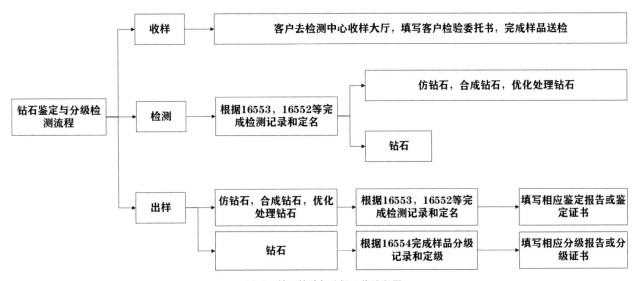

图 1　钻石检验与分级工作流程图

图 2　检测中心收样大厅

图 3　客户签订委托书

珠宝玉石质量监督检验中心
Gemstone Testing Center
批量委托检验合同书
Entrustment Order Form

公众号

进度查询

重要提示：在签署此委托合同书前，请委托人认真阅读及声明白背页的条款，并确定所填写数据无误。
Important Notice: Before signing below the sample sender, please confirm all information filled clearly and agree to the terms and conditions on the back page.

二级批次号 Batch No.	样品编号 Item No.	件数 Piece	样品名称 Original name	检测要求 Testing requirements	出证类型 Certificate type	预计完成时间 Requested Collect Time	单价 Unit price	批次加收 Batch Add	费用 Fee	备注 Remarks	取样/应确认和时间 Collected Time	发证人和出证时间 Issued by and Issued Time
		--	--	--	--	--	--	--	--	--	--	--
		--	--	--	--	--	--	--	--	--	--	--
		--	--	--	--	--	--	--	--	--	--	--
		--	--	--	--	--	--	--	--	--	--	--
		--	--	--	--	--	--	--	--	--	--	--
		--	--	--	--	--	--	--	--	--	--	--
		--	--	--	--	--	--	--	--	--	--	--
合计 sum			缴费类型		应付		已付		未付			

检测依据 Normative References:GB/T 16552-2017,GB/T 16553-2017

合同客户单位名称 Client unit		接样点 Accept position	
证件类型/证件号 ID document		首尾号 Number range	件数 Piece(s)
联系方式 Contacter Tel		签收时间 Received Time	
送检人实际归属单位 Submitter's Actual Company		预计取样点 Expected collection-position	
结算账户 Settlement account		委托合同书审事人和时间 Contract Reviewed by and Time	
送样人签字确认 Sender(signature)	（签字有效）	受委托方收人 Received by (sign with company chop) （签字盖章有效）	（签字盖章有效）

图 4　客户委托检验书正面

珠宝玉石质量监督检验中心委托检测须知

Gemstone Testing Center-Testing Entrustment Notification

图 5　客户委托检验书反面

第一节 钻石的宝石学性质

钻石是指宝石级的金刚石，而金刚石为矿物名称，英文统称为"Diamond"。钻石主要化学成分为碳，其具备作为宝石的三个基本条件，即美观、耐久和稀少。这主要表现在：第一，钻石具有自然界中矿物最强的金刚光泽，较高的折射率和较强的色散，经琢磨后的钻石光彩夺目、晶莹闪亮，被世人赋予"宝石之王"的美誉；第二，钻石是自然界矿物中最硬的物质，素有"硬度之王"的美称，其摩氏硬度为10，而其绝对硬度是刚玉的140倍、石英的1100倍；第三，地球上也不乏钻石资源，但开采不易。19世纪之前，只在印度和巴西发现少量钻石次生矿，现代钻石工业拉开序幕后，成吨的钻石被开采出来，到2011年时，地底下已经挖出几亿块钻石，全球一年钻石的产量就高达1.24亿克拉，约24 800千克，将近25吨。

起源于16世纪欧洲的生辰石文化中，钻石被视为四月生辰石，象征坚贞、纯洁和永恒，并作为结婚的信物，结婚60周年的纪念石，被誉为"爱情之石"。

一、钻石结晶学与矿物学性质

1. 结晶学性质

晶体是具有格子构造的固体。晶体，从微观角度，是原子呈现三维空间有规律重复排列的现象描述；从宏观角度，是原子能够自发形成几何体外观的一种现象表述，如钻石八面体晶体、接触双晶等（图6～图7）。

钻石就是有规律重复排列的碳原子组成的晶体（图8）。碳原子之间通过共用电子对（共价键）的形式联结在一起的。碳原子之间特有的结合及排列方式是导致钻石各种性质的根本原因。

（1）晶族、晶系

根据晶体对称要素的种类及组合，晶体形状可划分为三大晶族和七个大晶系，具体见表1。

钻石属于高级晶族，等轴晶系，立方面心格子构造（图9）。

图6 钻石的八面体晶体

图7 钻石晶体

表 1 晶体对称分类表

晶族名称	晶系名称	对称特点	代表性宝石
高级晶族	等轴晶系	有 4 个 L^3	钻石、尖晶石、合成立方氧化锆、人造钇铝榴石等
中级晶族	四方晶系	有一个 L^4 或 L_i^4	锆石、金红石等
	三方晶系	有一个 L^3	刚玉、水晶、碧玺等
	六方晶系	有一个 L^6 或 L_i^6	绿柱石、合成碳硅石等
低级晶族	斜方晶系	L^2 或 P 多于 1	黄玉、橄榄石等
	单斜晶系	L^2 或 P 不多于 1	硬玉、透辉石、孔雀石等
	三斜晶系	无对称面，无对称轴	绿松石、天河石、斜长石等

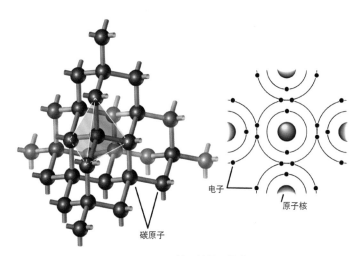

电子
原子核
碳原子

图 8 钻石的格子构造

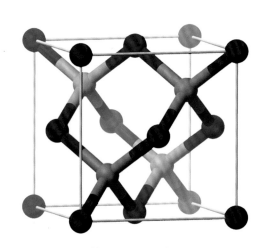

图 9 钻石的立方面心格子构造

（2）结晶习性

结晶习性指某一种晶体在一定的外界条件下总是趋向于形成特定形态的特性。有时也具体指该晶体常见的单形种类。

单形，由对称要素联系起来的一组晶面的总和。晶体中的单形有 47 种。钻石中常见的单形为八面体，其次为菱形十二面体和立方体。与单形相对的是聚形，指两个以上单形的聚合。这种聚合不是任意的，必须是属于同一对称形的单形才能相聚，所以聚形的对称性和其中的任一单形的对称型相同。 例如钻石常呈单晶体产出，单晶体常见的单形有八面体、菱形十二面体、立方体，也可见聚形产出，天然钻石聚形主要为八面体和菱形十二面体（图10）。

晶体的规则连生是指两个或两个以上的同种晶体按照一定的规律进行生长，其中具有代表性的就是双晶。双晶，是指两个以上的同种晶体按一定的对称规律形成的规则连生。例如钻石常见的双晶类型有接触双晶（图11～图12）和穿插双晶。

自然界产出的钻石晶体由于溶蚀作用，晶面常按照一定结晶学规律出现凹陷的蚀象。不同的单形钻石，其晶面上蚀象不同（图13），八面体晶面上可见倒三角形溶蚀凹坑或三角座（图14），立方体晶面上可见四边形凹坑，菱形十二面体晶面上可见线理或显微圆盘状花纹，双晶的面上可见六边形溶蚀凹坑（图15）。

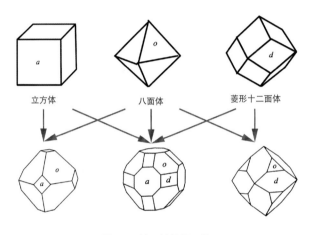

图 10 钻石的结晶习性

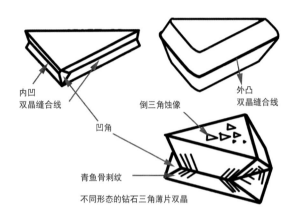

图 11 钻石的接触双晶

图 12 钻石的青鱼骨刺纹

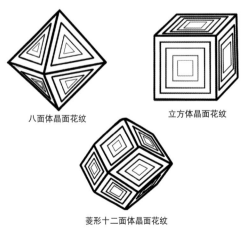

图 13 不同单形晶面上的蚀象示意图

图 14 钻石单晶上的蚀象

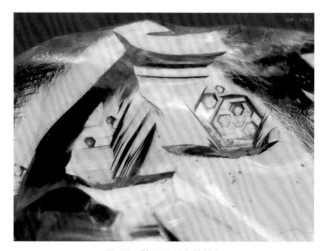

图 15 钻石双晶上的蚀象

2. 矿物学性质

（1）矿物名称

钻石的矿物名称是金刚石（Diamond）。在矿物学上属于金刚石族。

（2）矿物化学组成

钻石主要成分是碳（C），其质量占比可达99.95%，微量元素有 N、B、H、Si、Ca、Mg、Mn、Ti、Cr、S、惰性气体元素及稀土元素，达50多种。这些微量元素以类质同象替代形式取代钻石中的碳元素，从而可以改变钻石的类型及物理性质。

类质同象是指在晶体结构中部分质点被其他性质类似的质点所替代，仅使晶格常数和物理化学性质发生不大的变化，而晶体结构保持不变的现象。例如刚玉成分为 Al_2O_3，当铝离子（Al^{3+}）被少量铬离子（Cr^{3+}）替代，会形成红色（图16）。类质同象是宝石中常见现象之一。

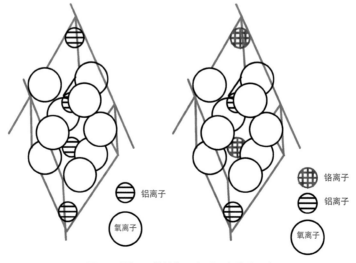

铝离子

氧离子

铬离子

铝离子

氧离子

图 16 刚玉晶体结构及类质同象替代现象

（3）钻石分类

钻石最常见的微量元素是 N 元素，N 以类质同象形式替代 C 而进入晶格，N 原子的含量和存在形式对钻石的紫外吸收、可见光吸收、红外吸收等方面有重要影响。同时 N 原子在钻石晶格中存在的不同形式及特征也是钻石分类的依据（表 2）。

表 2 钻石分类表及颜色特征

类型		分类依据	特征
I 型（含 N） 这类钻石中含有少量的氮元素（N），自然界 98% 以上的钻石都是该类型。根据氮元素存在的状态，I 型钻石可分为 Ia 型钻石和 Ib 型钻石两种类型。	Ia 型	碳原子被氮原子取代，氮在晶格中呈聚合状不纯物存在，根据氮元素存在的状态。 IaA 型钻石结构示意图	自然界 98% 以上的钻石都是该类型，常见颜色为无色—黄色，一般天然黄色钻石均属此类，具有特征 415.5nm 吸收光谱线。
	Ib 型	钻石中含氮量较低，且以单原子形式存在于钻石中。 Ib 型钻石结构示意图	在自然界中天然的 Ib 型钻石极少（<0.1%），常见颜色为无色—黄色、黄绿色、褐色，该类型主要为 HPHT 合成钻石。
II 型（不含 N） 此类钻石钻石中几乎不含氮，II 型钻石较为稀少，只占钻石总量的 2%。根据杂质元素特点，II 型钻石可分为 IIa 型和 IIb 型两种类型。	IIa 型	不含氮，含少量氢（H）元素。 IIa 型钻石结构示意图	自然界中罕见，内部几近纯净，而且其形态为不规则，具有极高的导热性，因碳原子因位置错移造成缺陷致色，常见颜色为无色—棕褐色、粉红色等彩色，无缺陷者呈无色，该类型也是 CVD 合成钻石主要类型。
	IIb 型	不含氮，含少量硼（B）元素。 IIb 型钻石结构示意图	IIb 型钻石为半导体，是天然钻石中唯一能导电的，据此性质，可以区别天然蓝色钻石和辐照处理致色的蓝色，大部分 IIb 型钻石呈蓝色钻石，少数为灰色，霍普钻石（Hope Diamond）是最著名的 IIb 型钻石。

二、钻石光学性质

1. 钻石的颜色

钻石的颜色分为两大系列：无色—浅黄系列（图 17）、黑色系列（图 18）、彩色系列（图 19）。无色—浅黄系列钻石严格说是近于无色的，通常带有浅黄、浅褐、浅灰色，是钻石首饰中最常见的颜色。彩色钻石颜色发暗，强—中等饱和度，颜色艳丽的彩钻极为罕见。

钻石颜色成因可以从两个角度来解释，一是由于微量元素 N、B 和 H 原子进入钻石的晶体结构之中对光的选择性吸收而产生的颜色，另一种是晶体塑性变形而产生位错、空位，对某些光的选择性吸收而使钻石呈现颜色。

图 17 无色—浅黄色系列钻石

图 18 黑色系列钻石

图 19 彩色系列钻石

2.光泽

钻石晶体具有油脂光泽的特征，加工后的钻石具特有的金刚光泽（图20），金刚光泽是天然无色透明矿物中最强的光泽。值得注意的是观察钻石光泽时要选择强度适中的光源，钻石表面要尽可能平滑，当钻石表面出现溶蚀及风化特征时，钻石光泽将受到影响而显得暗淡。

3.透明度

纯净的钻石应该是透明的（图21），但由于矿物包裹体、裂隙的存在和晶体集合方式的不同，钻石可呈现半透明（图22）甚至不透明（图23）。

4.光性

钻石为均质体，但其形成环境地幔中温度压力极高，常导致晶格变形，因此，天然钻石绝大多数具有异常消光现象（图24）。

图 20 钻石的油脂光泽（左）和金刚光泽（右）

图 21 透明的钻石　　　　图 22 半透明的钻石　　　　图 23 不透明的钻石

图 24 钻石的异常消光现象

5. 折射率

钻石的折射率为 2.417（图 25），是天然无色透明矿物中折射率较大的矿物，其折射率超出宝石实验室常用折射仪测试范围。

图 25 钻石的折射率在折射仪下的表现（左为折射仪，右边折射仪下现象）

6. 发光性

使用仪器观察钻石发光性的时候，不同的钻石，其发光性不同，同一个钻石由于观察发光性仪器的激发源不同，钻石的荧光和磷光也会出现差异。

（1）紫外荧光灯

在波长为 365nm 的长波紫外光下，无色—浅黄色系列钻石最常见的荧光颜色是蓝色或蓝白色（图 26～图 28），少数呈黄色、橙、绿和粉红色，也可见惰性。一般情况下，钻石长波下荧光强度要大于短波下的荧光强度。

实际检测中钻石的荧光可以用来区分钻石的类型、快速鉴别群镶钻石首饰、判断钻石切磨难易程度。例如 I 型钻石以蓝色—浅蓝色荧光为主，II 型钻石以黄色、黄绿色荧光为主；群镶钻石首饰可利用钻石荧光的强度、荧光颜色的差异性快速鉴别；在同等强度紫外线照射下，不发荧光的钻石最硬，发淡蓝色、蓝白色荧光的钻石硬度相对较低，发黄色荧光的居中。钻石磨制工作中，加工者往往利用这一特征来快速判断钻石加工磨削的难易程度。

肉眼观察时，强蓝白色荧光会提高无色—浅黄色系列钻石或者黄色钻石的色级，但荧光过强，钻石会有一种雾蒙蒙的感觉，影响钻石的透明度，降低钻石的净度。

图 26 自然光下样品图片

图 27 长波紫外光（LW）下样品图片

图 28 短波紫外光（SW）下样品图片

（2）X射线

钻石在X射线的作用下大多数都能发荧光，而且荧光颜色一致，通常为蓝白色，极少数无荧光。据此特征，人们常用X射线进行选矿工作，既敏感又精确。在检测中，人们也会利用钻石能够透过X射线的性质来进行快速筛选（图29）。

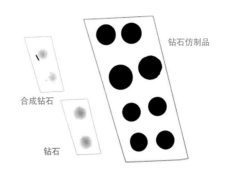

图 29 钻石和钻石仿制品在X射线透射光下的现象

（3）阴极发光

钻石在阴极射线下发蓝色、绿色或黄色的荧光，并可呈现特有的生长结构图案（图30～图31）。

图 30 钻石荧光图案及颜色

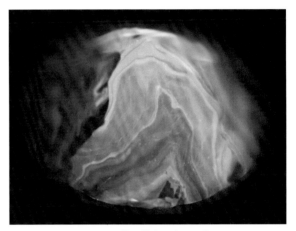

图 31 钻石荧光图案及颜色

7. 色散

钻石的色散值为0.044，是天然宝石中色散较高的品种之一，直接外在表现为钻石火彩，这是肉眼鉴定钻石的重要依据之一（图32～图33）。

图 32 钻石的色散

图 33 钻石的闪烁色

8. 吸收光谱

从无色—浅黄色的钻石，在紫区 415.5nm 处有一吸收谱带，褐—绿色钻石，在绿区 504nm 处有一条吸收窄带，有的钻石可能同时具有 415.5nm 和 504nm 处的两条吸收带。辐照处理黄色钻石具有 594nm 典型吸收峰，辐照处理粉红色钻石可见 570nm 和 575nm 吸收峰，辐照处理绿色钻石具有 741nm 吸收峰（图 34 ～图 37）。

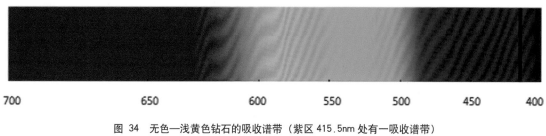

图 34　无色—浅黄色钻石的吸收谱带（紫区 415.5nm 处有一吸收谱带）

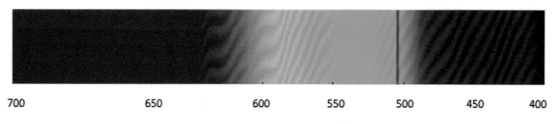

图 35　褐—绿色钻石的吸收谱带（绿区 504nm 处有一条吸收窄带）

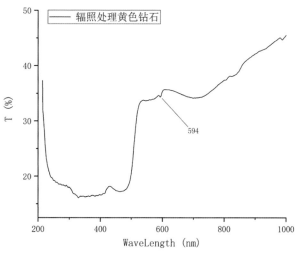

图 36　辐照处理黄色钻石吸收峰

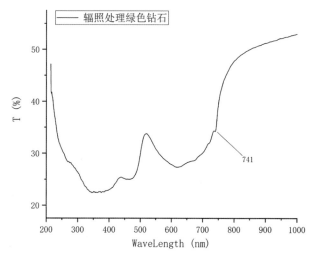

图 37　辐照处理绿色钻石吸收峰

三、钻石力学性质

1. 解理

钻石具有平行八面体方向（结晶学中也描述为{111}方向）的四组完全解理。

鉴别钻石与其仿制品，加工时劈开钻石都需要利

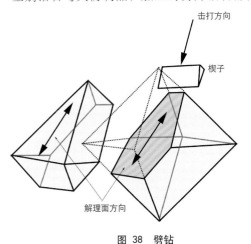

图 38 劈钻

2. 硬度

钻石是自然界最硬的矿物，它的摩氏硬度为 10。

钻石具有差异硬度，即其硬度具有各向异性的特征，具体表现为：八面体 > 菱形十二面体 > 立方体方向（图 40）。此外，无色透明钻石比彩色钻石硬度略高。切磨钻石时是利用钻石较硬的方向去磨另一颗钻石较低的方向，传统切磨工艺里面都是用钻石来磨钻石（图 41）。

虽然钻石是世界上最硬的物质，但其解理发育、

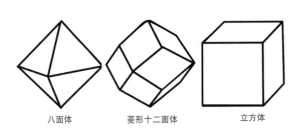

八面体　　菱形十二面体　　立方体

钻石的硬度具有各向异性的特征，不同方向硬度不同
八面体方向 > 菱形十二面体方向 > 立方体方向的硬度

图 40 不同晶体形态钻石的差异硬度

用完全解理（图 38）；抛光钻石在腰部特征"V"字形缺（破）口，钻石净度分级内部特征中的须状腰（图 39）就是由钻石解理引起的。

图 39 须状腰（垂直钻石粗磨腰围的白色短线）

性脆，受到外力作用很容易沿解理方向破碎。

3. 密度

钻石的密度为 3.521（±0.01）g/cm³，由于钻石成分单一，杂质元素较少，钻石的密度很稳定，变化不大，只有部分含杂质和包裹体较多的钻石，其密度才有微小的变化。

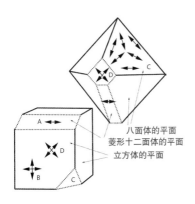

A: 最软的方向
是平行于菱形十二面体
平面的方向

B: 硬度再低一点的方向
是平行于立方体棱线方向

C: 硬度稍微低一点的方向
是平行于八面体
所有面的方向

D: 最硬的方向
是平行立方体平面
斜对角线方向

八面体的平面
菱形十二面体的平面
立方体的平面

图 41 钻石晶体不同方向的差异硬度

四、钻石其他性质

1. 热学性质

（1）导热性

钻石的热导率为 870～2010W/（m·K），导热性能超过金属，是所有物质中导热性最强的。其中 IIa 型钻石的导热性最好。利用钻石导热性研发的钻石热导仪，在鉴别钻石真伪时可以起到重要的作用（图 42）。

（2）热膨胀性

钻石的热膨胀系数极低，温度的突然变化对钻石影响不大。但是钻石中若含有热膨胀性大于钻石的其他矿物包裹体或存在裂隙时不宜加热，否则会使钻石产生破裂或者包裹体周围产生应力裂隙。KM 激光打孔处理钻石就是利用了这一特性。此外在镶嵌过程中，钻石极低的热膨胀性可以使钻石镶嵌得非常牢固（图 43）。

（3）可燃性

钻石在隔绝氧气条件下加热到 1800℃以上时，将缓慢转变为石墨。它在有氧条件下被加热到 650℃将燃烧并转变为二氧化碳气体。钻石的激光切割和激光打孔处理技术就是利用了钻石的低热膨胀性和可燃性。但对钻石首饰进行维修时，应避免灼伤钻石。此外，加工钻石过程中，如果磨盘转速太快，能够导致抛磨面局部碳化，形成烧痕。

2. 电学性质

钻石中的碳原子彼此以共价键结合，在结构中没有自由电子存在，因此大多数钻石是良好的绝缘体。

一般情况下，钻石杂质元素含量越低，其绝缘性就越好，因此 IIa 型钻石的绝缘性最好。IIb 型钻石由于微量元素硼（B）的存在产生了自由电子，使这一类型的钻石可以导电，是优质的高温半导体材料。

此外，高温高压法合成钻石中如果含有大量的金属包裹体也可以导电。

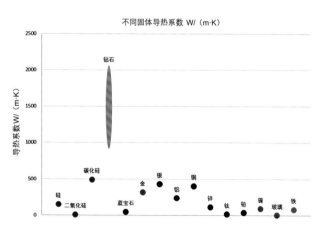

图 42　不同固体材料热导率

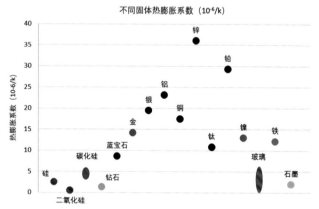

图 43　不同固体材料热膨胀系数

3. 磁性

当钻石含有金属包裹体时，钻石能够被磁铁吸引而呈现磁性，HPHT 合成钻石由于含有铁镍合金包裹体，也可具有磁性（图 44）。

4. 亲油疏水性

钻石对油脂有明显亲和力，这个性质在选矿中被用于回收钻石，在涂满油脂的传送带上将钻石从矿石中分选出来。钻石的斥水性是指钻石不能被浸润，水在钻石表面呈水珠状而不成水膜。该性质可被用来做托水实验鉴别钻石与其仿制品，但使用该方法前应仔细清洗宝石。

5. 化学稳定性

钻石的化学性质非常稳定，在一般的酸、碱溶液中均不溶解，王水对它也不起作用，所以人们经常用硫酸来清洗钻石。但热的氧化剂、硝酸钾却可以腐蚀钻石，在其表面形成蚀象。

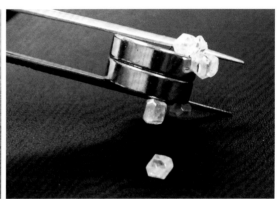

图 44　钕铁硼磁铁吸附含有金属包裹体的高温高压合成钻石

五、天然宝石定名规则

《GB/T 16552-2017 珠宝玉石 名称》国家标准（图 45）对于宝石的定义、分类、定名规则有着明确的规定。这为进一步规范国内宝石检测实验室出具鉴定证书及检测报告中宝石的定名，更好引导、市场发展起到了积极作用。由于具有特殊光学效应的钻石极其罕见，因此，这里未介绍关于特殊光学效应相关内容。

图 45　《GB/T 16552-2017 珠宝玉石 名称》国家标准

1. 珠宝玉石的定义及分类

珠宝玉石分为天然珠宝玉石和人工宝石两大类。其中天然珠宝玉石是指由自然界产出，具有美观、耐久、稀少性，具有工艺价值，可加工成饰品的物质，分为天然宝石、天然玉石和天然有机宝石，具体见表3。

表3 天然宝石分类表

分类	分类	定义	宝石实例
天然珠宝玉石	天然宝石	由自然界产出，具有美观、耐久、稀少性，可加工成饰品的矿物单晶体（可含双晶）	钻石、刚玉等
	天然玉石	由自然界产出的，具有美观、耐久、稀少性和工艺价值可加工成饰品的矿物集合体，少数为非晶质体	翡翠、软玉等
	天然有机宝石	与自然界生物有直接生成关系，部分或全部由有机物质组成，可用于首饰及饰品的材料。注：养殖珍珠（简称"珍珠"）也归于此类	珊瑚、象牙等

2. 珠宝玉石定名规则

天然宝石，直接使用天然宝石基本名称或其矿物名称，无需加"天然"二字。产地不应参与定名，如："南非钻石""澳大利亚钻石"等。不应使用由两种或两种以上天然宝石组合名称定名某一种宝石，如："锆石钻石""水晶钻石"等，"变石猫眼"除外。不应使用易混淆或含混不清的名称定义，如："高碳钻""白宝石""半宝石"等。

天然玉石，直接使用天然玉石基本名称或其矿物（岩石）名称，在天然矿物或岩石名称后可附加"玉"字；无需加"天然"二字，"天然玻璃"除外。不应使用雕琢形状定名天然玉石。《GB/T 16552-2017 珠宝玉石 名称》附录A表A.2中列出的带有地名的天然玉石基本名称，不具有产地意义。

● 课后阅读1：钻石宝石学性质中基础名词释义

第二节　钻石检测中常用仪器介绍

一、钻石检测中的宝石实验室常规仪器种类

1.10× 放大镜与宝石镊子

宝玉石检测所使用的放大镜，通常是10倍放大率，倍率经常用"×"来表示。10× 放大镜（图46）通常为三组合镜，由一对无铅玻璃做成的凸透镜和两个由铅玻璃制成的凹凸透镜黏合而成。10× 放大镜不仅视域较宽，而且消除了图像畸变（球面像差）和彩色边缘现象（色像差）。

宝石镊子（图47）是一种具尖头的夹持宝石的工具，内侧呈磨砂状、凹槽状或"#"纹型以夹紧和固定宝石。使用镊子时应用拇指和食指控制镊子的开合，用力须适当，过松夹不住，过紧会使宝石"蹦"出。

图 46　10× 放大镜

图 47　宝石镊子

2. 折射仪

折射率是宝石最稳定的性质之一。利用折射仪可以测定宝石的折射率值、双折射率值、光性特征等性质，为宝石鉴定提供关键性证据。

宝石折射仪（图48～图49）是根据折射定律和全反射原理制造的。使用折射仪可以对抛光成刻面型或弧面型的宝石折射率进行测试，测试范围因所用折射仪棱镜和接触液而异，通常情况下是 1.400～1.790。

根据宝石琢形的不同，测试宝石折射率有两种不同方法，即刻面型宝石的近视法和弧面型宝石的远视法。钻石仿制品多为刻面型宝石，故常用近视法，也称刻面法。使用折射仪时接触液要适量。由于接触液密度很大，若点得过多，密度较小的宝石会漂浮；若点得过少，则不能使宝石与棱镜产生良好的光学接触。

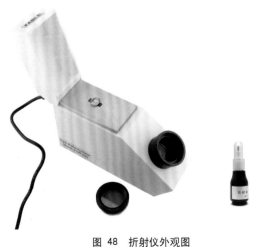

图 48　折射仪外观图

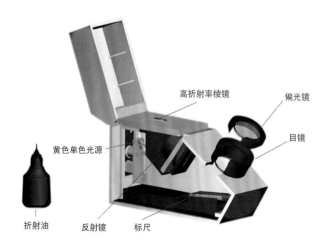

高折射率棱镜　偏光镜　目镜　黄色单色光源　折射油　反射镜　标尺

图 49　折射仪结构及各部分名称

3. 偏光镜

偏光镜主要用于检测宝石的光性，还可进一步判断宝石的轴性、光性符号（图 50）。偏光镜一般由上、下偏光片和光源组成（图 51）。此外还可配有玻璃载物台、干涉球或凸透镜。偏光镜在设计时通常是下偏光片固定，上偏光片可以转动，从而可以调整上偏光的方向。为了保护下偏光片，其上有一可旋转的玻璃载物台。干涉球或凸透镜可用来观察宝石的干涉图。

当自然光通过下偏光片时，即产生平面偏光。若上偏光片与下偏光片方向平行，来自下偏光片的偏振光全部通过，则视域亮度最大；若上偏光片与下偏光片方向垂直，来自下偏光片的偏振光全部被阻挡，此时视域最暗，即产生了所谓的消光。

4. 紫外荧光灯

紫外荧光灯是一种辅助性鉴定仪器（图 52～图 53），主要用来观察宝石的发光性（荧光、磷光）。灯管能发射出一定波长范围的紫外光波，一般采用长波（LW）365nm 和短波（SW）253.7nm 两种波长灯管发出的紫外光作为激发光源。荧光的强弱常分为无、弱、中、强四个等级，一般宝石在长波下的荧光强度大于短波下的荧光强度。

图 50　偏光镜和锥光镜

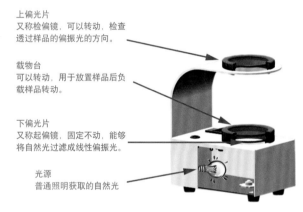

上偏光片
又称检偏镜，可以转动，检查透过样品的偏振光的方向。

载物台
可以转动，用于放置样品后负载样品转动。

下偏光片
又称起偏镜，固定不动，能够将自然光过滤成线性偏振光。

光源
普通照明获取的自然光

图 51　偏光镜结构及各部分名称

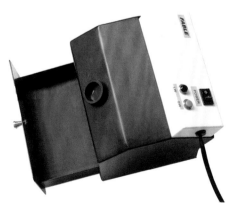

图 52　紫外荧光灯外观

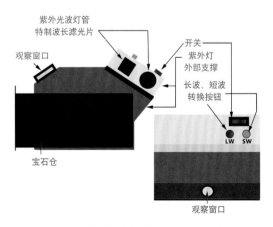

紫外光波灯管
特制波长滤光片

观察窗口

开关

紫外灯外部支撑

长波、短波转换按钮

LW　SW

宝石仓

观察窗口

图 53　紫外荧光灯结构及各部分名称

5. 电子天平

电子天平是一种称量宝石质量（重量）的设备（图54），在宝石鉴定中不仅可用于宝石的称重，而且还可用于测算宝石的相对密度。对于宝石质量（重量）的称量，国家标准要求天平精确到万分之一克。宝石的质量（重量）与相对密度是鉴定及评价宝石的一个重要的依据，因此正确地使用天平是一项重要的技能。

保证称重的准确性，必须做到以下三点：保持天平水平；使用前应校准并调至零位；称重时保证环境的相对静止，如防止天平台的震动、空气的对流等。

图 54　电子天平

6. 热导仪

热导仪是一种测量宝石材料的导热性高低的仪器（图55）。可以用于快速区分钻石及大部分仿制品，用途较为单一。用热导仪进行测试时能够出现钻石反应的宝石材料有：钻石（天然钻石、合成钻石、处理钻石）、金属（金、银、铂、钯等）、合成碳硅石、大块刚玉。

7. 合成碳硅石检测仪

尽管热导仪无法区分钻石和合成碳硅石，但无色一浅黄色系列钻石不吸收紫外光，而合成碳硅石对紫外光有强烈的吸收的性质，美国C3公司利用两者紫外光的吸收差异研制出了合成碳硅石检测仪（图56），可用于快速辨别钻石和合成碳硅石，但必须用热导仪测试之后使用。

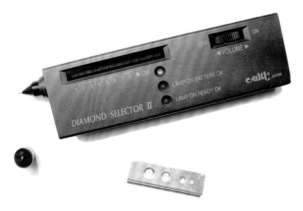

图 55　热导仪外观图

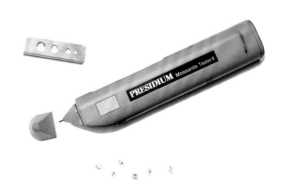

图 56　合成碳硅石检测仪外观图

8. 游标卡尺

游标卡尺（图 57），是一种测量长度、内外径、深度的量具，分机械式与电子数字式两种。钻石测量

采用的传统机械式游标卡尺，精确度为 0.02mm（图 58）。测量得到数据可用于部分钻石切工比率值计算与钻石克拉重量的估算。

图 57　游标卡尺外观图

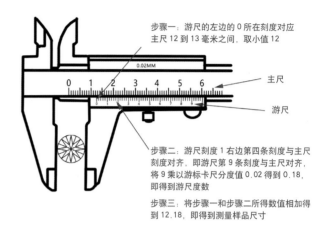

步骤一：游尺的左边的 0 所在刻度对应主尺 12 到 13 毫米之间，取小值 12

主尺

游尺

步骤二：游尺刻度 1 右边第四条刻度与主尺刻度对齐，即游尺第 9 条刻度与主尺对齐，将 9 乘以游标卡尺分度值 0.02 得到 0.18，即得到游尺度数

步骤三：将步骤一和步骤二所得数值相加得到 12.18，即得到测量样品尺寸

图 58　游标卡尺使用方法

9. 比重液

比重液是一种油质液体，根据宝石在已知密度的比重液（浸油）中的运动状态（下沉、悬浮或上浮），即可判断出宝石的密度范围，这种测定方法快速简单。

在比重液中漂浮：宝石的相对密度 < 比重液 SG；

在比重液中悬浮：宝石的相对密度 = 比重液 SG；

在比重液中下沉：宝石的相对密度 > 比重液 SG。

比重液要求挥发性尽可能小，透明度好，化学性质稳定，黏度适宜，尽可能无毒无臭，因此宝石学中常用的比重液种类并不多。宝石鉴定常用相对密度为 2.65、2.89、3.05、3.32 的一组比重液（图 59），由二碘甲烷、三溴甲烷和 α - 溴代萘配制而成。

图 59　宝石鉴定常用的重液

二、钻石检测中的宝石实验室大型仪器种类

1.Diamond Sure（钻石确认仪）

Diamond Sure（图60）是一款由戴比尔斯公司研发专门检测钻石与合成及处理钻石的仪器，其工作原理是大多数天然无色钻石具有415.5nm吸收线，而合成钻石、HPHT处理的无色钻石绝大部分不属于Ia型钻石或钻石仿制品，缺失415.5nm的吸收线，因此Diamond Sure能快速地识别分出Ia型的天然钻石，且准确度很高。

该仪器可以鉴别黄色合成钻石与天然黄色钻石，并不能确定宝石或钻石仿制品品种，也不能区分钻石与处理钻石，如裂缝填充、辐照或高温高压处理等。

2.Diamond View（钻石发光性观测仪）

Diamond View是Diamond Sure检测仪器完美的补充（图61）。用Diamond Sure检测出有疑问的钻石，

可用Diamond View进一步的检测和确认。使用时将已抛光的钻石样品置于样品仓内，拍摄并记录钻石在波长小于225nm的超短波紫外光下所产生荧光颜色、荧光分布区域图案及磷光现象。借此可区分天然钻石、高温高压（HPHT）与化学气相沉积（CVD）合成钻石。适用于0.05~10ct大小范围的抛光及粗略抛光钻石。

3.Diamond Plus

HPHT处理无色钻石（GE-POL）鉴定较为困难，DTC于2005年研制出名为Diamond Plus的仪器，根据光致发光特性利用激光拉曼光谱仪来检测HPHT处理的Ⅱ型钻石。Diamond Plus便于携带，易于操作，价格相对低廉，可进行大批量钻石检测，但是，必须在液氮制冷的条件下工作（图62~图63）。

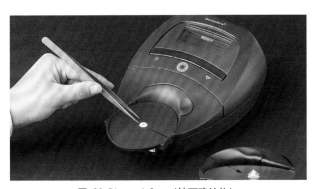

图 60 Diamond Sure（钻石确认仪）

图 61 Diamond View （钻石发光性观测仪）

图 62 Diamond Plus

图 63 检测仓充填了液氮的 Diamond Plus

4. 傅里叶变换红外光谱仪

傅里叶变换红外光谱仪（图64）是检测宝石在红外光的照射下，引起晶格（分子）、络阴离子团和配位基的振动能级发生跃迁，并吸收相应的红外光而产生光谱的仪器设备。近年来，红外测试技术，如漫反射红外、显微红外、光声光谱以及色谱——红外联用等，得到不断发展和完善，红外光谱法在宝石鉴定与研究领域得到了广泛的应用。钻石中N不同的浓度和集合方式都具有不同的红外光谱特征（图65~图69），利用红外光谱仪不仅可分辨 I 型和 II 型，还能区分 IaA、IaB、IaAB、IIa 和 IIb 等亚类型（如表4）。

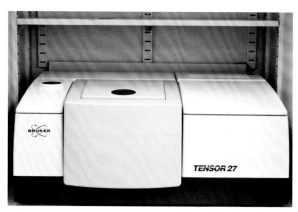

图64 傅里叶红外光谱仪

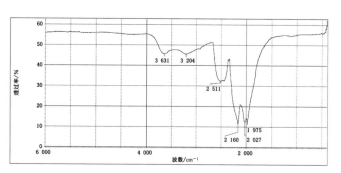

图65 IIa 型金刚石红外图谱不含氮原子或者氮原子没有表征[19]

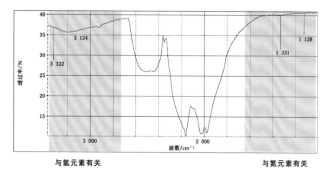

图66 与氢元素、氮元素有关的弱峰的金刚石光谱图[19]

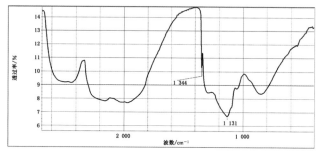

图67 Ib 型金刚石红外图谱[19]

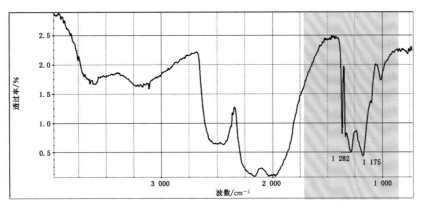

图 68 IaAB 型金刚石红外图谱[19]

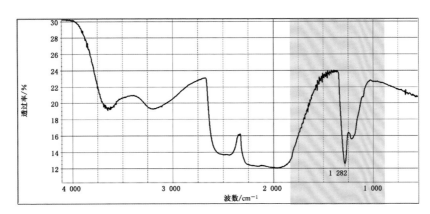

图 69 IaA 型金刚石红外图谱双原子替位氮原子[19]

表 4 钻石的类型及红外光谱吸收峰

类型	I 型					II 型	
	Ia				Ib	IIa	IIb
依据	含不等量的杂质氮原子，聚合态				单氮原子	基本不含杂质氮原子	含少量杂质硼原子
杂质原子存在形式	双原子氮	三原子氮	集合体氮	片晶氮	孤氮		分散的硼代替碳的位置
晶格缺陷心及亚类	N₂ IaA	N₃ IaAB	B₁ IaB	B₂ IaB	N		B
红外光谱吸收谱带 / cm⁻¹	1282	1282、1175	1175	1370	1131、1344	1100 ~1400 范围内无吸收	2803

5. 阴极发光仪

　　从阴极射线管发出具有较高能量的电子束激发宝石表面，使电能转化为光辐射而产生的发光现象，称之为阴极发光。阴极发光仪作为宝石的一种无损检测方法，近年来在宝石的测试与研究中得到了较广泛的应用。利用阴极射线激发下钻石荧光图案与荧光颜色，可以有效区分天然钻石与合成钻石（图70～图73）。

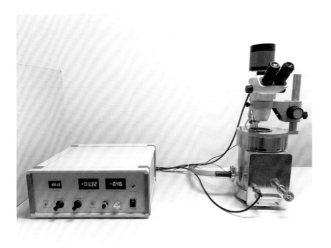

图 70　阴极发光仪

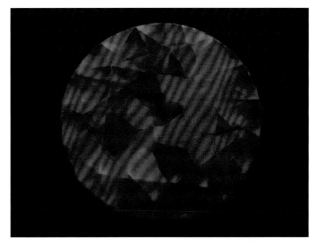

图 71　阴极发光仪下HPHT合成钻石层状生结构

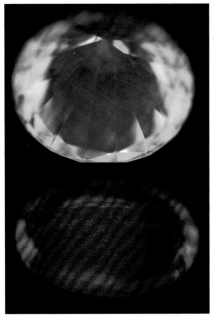

图 72　阴极发光仪下CVD合成钻石层状生结构

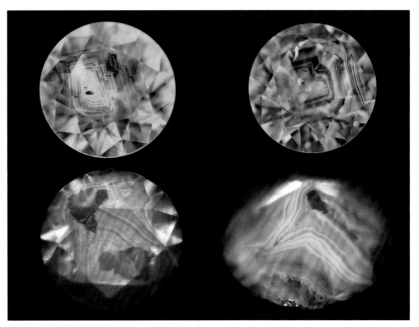

图 73　阴极发光仪下钻石环带生长结构

6. 紫外—可见分光光谱仪

紫外可见分光光谱仪（图74）是检测宝石在可见紫外光激发下，某些基团等吸收了紫外可见辐射光后，发生了电子能级跃迁而产生的吸收光谱。它是带状光谱，反映了分子中某些基团的信息。检测者可以用标准光图谱再结合其他手段进行定性分析。使用紫外可见分光光谱仪检测钻石，如检测出594nm的吸收线、503nm的吸收线、（H3色心）、496nm的吸收线（H4色心）等吸收线即可判断为钻石经过辐照处理改色，415nm的吸收（N_3色心）可以判断钻石为天然宝石，而非实验室合成宝石（图75～图76）。

目前国内生产的紫外可见分光光谱仪增加了漫反射附件和单独的光纤维管，更加丰富了宝石样品的测试条件。尤其单独设计的光纤管更加有利于做镶嵌钻石及厘石的筛查（图77）。

7. 激光拉曼光谱仪

拉曼光谱是对于入射光频率不同的散射光谱进行分析以得到分子振动、转动方面信息，并应用于分子结构研究的一种分析方法。拉曼光谱分辨率和灵敏度高，检测快速无损的特点。拉曼光谱技术，不仅可以用于宝石内部流体包裹体的定量检测，而且也可以用于固体包裹体的检测；不仅可以鉴定矿物表面的包裹体，而且也可以快速检测矿物内部的包裹体。钻石在检测中可以检测内部包裹体及钻石拉曼本征1、2、3阶峰，从而与合成钻石区分（图78～图79）。

图 74　紫外可见分光光谱仪

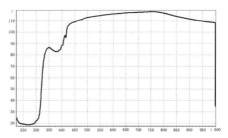

图 75　天然钻石（大多数 Ia 型）的紫外可见吸收光谱图[18]
（使用 GEM-3000 珠宝检测仪测试）

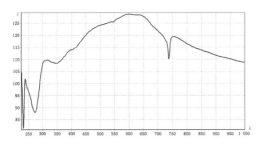

图 76　合成钻石的紫外可见吸收光谱图[18]
（使用 GEM-3000 珠宝检测仪测试）

图 77　国产紫外可见分光光谱仪

图 78　显微共聚焦拉曼光谱仪

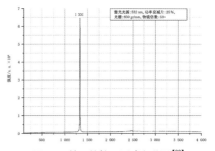

图 79　钻石的拉曼测试光谱图[20]

8. 光致发光光谱仪

光致发光光谱仪基于光致发光原理，由于不同类型钻石在受激光激发后会有不同的发光效应，该仪器高效采集钻石被激光激发后的发光光谱进行定性分析，主要用于鉴别 Ib 型小颗粒黄色钻石、天然 Ia 型钻石、天然 IIa 型钻石以及高温高压合成钻石、CVD 钻石等。HPHT 处理的 II 型钻石在 575nm、637nm、882nm 处出现强峰，CVD 合成钻石在 737nm 处出现强峰，这些与天然钻石有明显差异。采集到的钻石光致发光光谱，能有效区分天然钻石、合成钻石与处理钻石（图 80~ 图 83）。

图 80　光致发光光谱仪

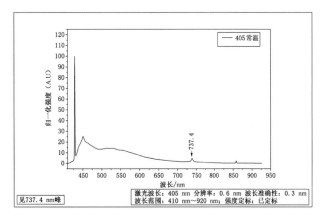

图 81　化学气相沉淀法（CVD）合成钻石光致发光光谱图 [21]

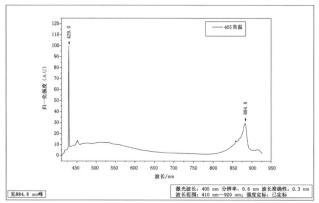

图 82　高温高压（HPHT）合成钻石光致发光光谱图 [21]

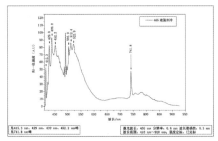

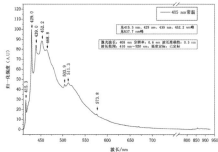

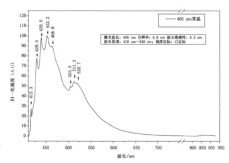

图 83　处理钻石的光致发光光谱图 [21]

9.X-射线荧光光谱仪

X射线管产生的一次射线，可以激发被检测的珠宝玉石产生二次射线，探测系统就会对二次射线再进行检测。不同的元素释放出来的二次射线中能量的大小以及波长的长度也是不同的。X荧光光谱仪检测通过探测分析这些二次射线能量以及波长，就能有效判别宝玉石中元素类型及相应含量（图84）。利用X—射线荧光光谱仪检测钻石与合成钻石比较，HPHT合成钻石中含有Fe、Ni合金，CVD合成钻石中含有Si，通过这些特殊元素的识别，就能够有效区分两者。

图 84 X-射线荧光光谱仪

10.扫描电镜（SEM）+能谱仪（EDS）

电子显微镜是以电子束做光源，电磁场做透镜，具有高分辨率和高放大倍率的显微镜。电子显微镜通过收集、整理和分析电子与样品相互作用产生的各种信息而获得物体的形貌和结构等。能谱仪（EDS）是用来对材料微区成分元素种类与含量分析，配合扫描电子显微镜使用。高温高压法（HPHT）合成钻石要用到合金触媒，对于出露表面的包裹体进行微区成分测试，可以有效判别钻石的属性。（图85~图87）

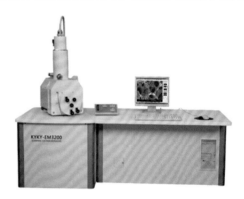

图 85 扫描电镜（SEM）

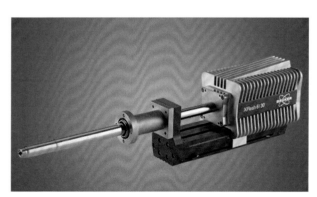

图 86 能谱仪（EDS）

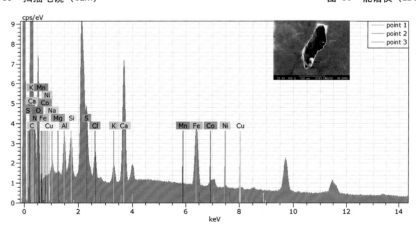

图 87 EDS能谱仪微区分析出露表面的包裹体成分及测试结果

第一章　钻石真伪鉴别

目前钻石真伪鉴别核心内容主要集中在以下几个方面（图88）：

1、钻石与仿制品的鉴别；

2、天然钻石与合成钻石的鉴别；

3、天然钻石与优化处理钻石的鉴别。

而要有效做到上述三个方面内容的鉴别，必须选择合理的检测方法、手段和相应的检测设备，同时要求检验人员具有非常高的综合检测素质和能力。

结合钻石真伪鉴别的核心内容，本章有针对性设置章节，以达到有效区分钻石真伪的目的。设置的具体章节如下：

第一节：钻石与仿制品的鉴别；

第二节：钻石与合成钻石的鉴别；

第三节：钻石与优化处理钻石的鉴别；

第四节：钻石真伪鉴别鉴定证书设计（即宝玉石鉴定证书版面的设计）

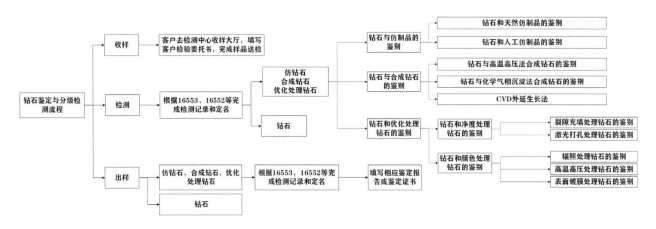

图 88　钻石真伪鉴别工作任务分解图

第一节　钻石与钻石仿制品的鉴别

一、钻石仿制品的概念

1. 基本概念

钻石仿制品是指外观上与所仿的钻石相似，但其化学成分、晶体结构和物理性质与钻石不同，其材料可以是天然、合成、人造或拼合的。例如合成碳硅石，其外形与钻石非常相似，但其化学成分、晶体结构和各种物理、化学性质与钻石完全不同。

2. 钻石仿制品基本条件

钻石的仿制品主要模仿无色—浅黄色系列钻石，一般具有无色透明、高色散、高折射率的特点，因此作为钻石仿制品必须从性质上与钻石越接近越好。作为钻石仿制品必须具备的条件有。

（1）高硬度

高硬度可使宝石材料耐磨，可有好耐久性。钻石是所有物质中硬度最高的，加工时刻面棱可以非常平直锋利，刻面尖点能够精确交汇。其次钻石高硬度可以进行精确抛光，产生强的光泽，以提高亮度。因此钻石仿制品需要具有较高的硬度，才能切磨成面平棱直刻面型琢型。

（2）高色散

色散值越高，火彩越强。钻石色散值高，能够表现出很明显的出火。因此钻石仿制品的色散值越高，其火彩也越强，外观上与钻石也越接近。

（3）高折射率

折射率与光泽成正比，高折射率的宝石材料具有较强的光强；高折射率的宝石材料切磨后容易产生全内反射，呈现较高的亮度。

实际上任何宝石材料都可以加工使光线产生全内反射，但折射率低的宝石材料，需使其亭部加深才能达到这种效应，而亭部太深，比例失调，甚至会导致宝石无法镶嵌。

（4）基本无色

大部分钻石是无色—浅黄色系列，目前用来钻石仿制品的应是无色或浅黄色的材料，彩色钻石仿制品很少。

（5）切工

钻石价值高，对于钻石切磨非常精细，各种切工比例都设计完美。因此用作钻石仿制品的宝石应加工比率和对称性要好一些，如加工比率或对称性不好，很容易识别。

二、常见钻石仿制品的种类及其性质

钻石仿制品类型很多，因为钻石的稀少和昂贵，人们很早就在仿制钻石方面绞尽了脑汁。最古老的替代品是玻璃，后来用天然无色锆石，随后人们用简单、容易实现的方法人工制造出各种各样性质与天然钻石相似的钻石仿制品。如早期用焰熔法合成的氧化钛晶体，即合成金红石，它有很高的色散，但是它硬度低，还有黄色，且色散过高而容易识别。针对合成金红石的缺点，人们又用焰熔法生产出了人造钛酸锶晶体，它的特点是色散比合成金红石小，近似钻石的色散，颜色也比较白，但其硬度较小，切磨抛光总也得不到锋利平坦的交棱和光面。

随着科学的发展，人们又不断生产出更近似钻石的仿制品。如人造钇铝榴石、人造钆镓榴石等，尤其合成立方氧化锆是钻石理想的仿制品。它不仅无色透明，而且其折射率、色散、硬度都近似于天然钻石，为此曾在较长一段时间迷惑过许多人，但是只要细心比较，仍可以区别。1998年美国推出的合成碳硅石，其物理性质更接近钻石。

1. 常见钻石仿制品类型及基本性质

用作钻石仿制品的天然宝石主要有：锆石、托帕石、绿柱石、水晶等。

用作钻石仿制品的人工宝石材料有：合成立方氧化锆、合成碳硅石、玻璃、合成无色刚玉、合成无色尖晶石、合成金红石、人造钇铝榴石、人造钆镓榴石、人造钛酸锶等。

这些材料的物理性质和外观与钻石比较相似，往往具有很大的迷惑性。仿制品从化学成分的角度，均属于化合物。根据其组成特征，它们又可以分为氧化物和含氧盐。

氧化物是一系列金属和非金属元素与氧阴离子 O^{2-} 化合（以离子键为主）而成的化合物，包括含水氧化物。这些金属和非金属元素主要有 Si、Al、Fe、Mn、Ti、Cr 等。属于氧化物的钻石仿制品有无色刚玉（Al_2O_3）、水晶（SiO_2）、玻璃（SiO_2）、合成立方氧化锆（ZrO_2）、合成尖晶石（$MgAl_2O_4$）、合成金红石（TiO_2）、人造钇铝榴石（$Y_3Al_5O_{12}$）、人造钆镓榴石（$Gd_3Ga_5O_{12}$）、人造钛酸锶（$SrTiO_3$）等。

大部分矿物均属于含氧盐类，其中又以硅酸盐类矿物居多，还有少量属碳酸盐类、磷酸盐类。宝石中硅酸盐类约占一半。硅酸盐是指以硅氧络阴离子配位的四面体 $[SiO_4]^{4-}$ 为基本构造单元的晶体。例如绿柱石（$Be_3Al_2Si_6O_{18}$）、锆石（高型）（$ZrSiO_4$）、托帕石（Al_2SiO_4（F,OH）$_2$）等。

（1）天然宝石仿钻石

任何天然无色透明的材料，都可以被作为钻石的替代品来仿冒钻石。但是天然宝石仿钻石，由于其外观与钻石相距太远，不宜切磨或配戴，实际上在钻石仿制品中较为少见，例如白钨矿、锡石和闪锌矿等，这里列举的是常见被用来仿钻石的天然宝石。

a）锆石

锆石是 12 月诞生石，象征抱负远大和事业成功。锆石有无色和红、蓝、紫、黄等各种颜色。由于它具有高折射率和高色散，无色的锆石具有类似钻石那样闪烁的彩色光芒，因此成为昂贵钻石的代用品。

锆石，英文名称为 Zircon，化学成分为硅酸锆（$ZrSiO_4$），中级晶族，四方晶系，亚金刚光泽，性脆，具有明显纸蚀现象，无解理，摩氏硬度为 6～7.5，密度为 3.90～4.73g/cm^3，折射率 1.810～1.984，双折射率 0.001～0.059，非均质体，一轴晶，正光性（图89～图94）。

图 89 锆石外观图

图 90 锆石的重影

图 91 锆石的纸蚀现象

图 92 锆石的裂隙和裂隙次生填充物

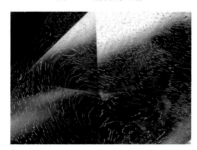

图 93 锆石的流体包裹体

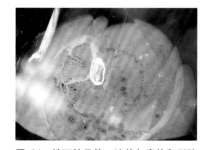

图 94 锆石的晶体、流体包裹体和裂隙

b）刚玉

刚玉族有两个品种，其中，红色品种称为红宝石，红色以外所有品种被称为蓝宝石。蓝宝石有无色和蓝、紫、黄等各种颜色，由于它具有强玻璃光泽和较高的摩氏硬度，无色蓝宝石粗看和钻石十分类似。

蓝宝石，9月生辰石，象征忠诚和坚贞，英文名称Sapphire，化学成分为氧化铝（Al_2O_3），中级晶族，三方晶系，强玻璃光泽，无解理，可见裂理，摩氏硬度为9，密度为4.00g/cm^3，折射率1.762～1.770，双折射率0.008～0.010，非均质体，一轴晶，负光性（图95～图96）。

c）托帕石

托帕石是11月诞生石，象征和平与友谊。托帕石有无色、蓝、黄、粉等各种颜色，由于它具有玻璃光泽和较高的摩氏硬度，无色托帕石粗看和钻石较为类似。

托帕石，英文名称Topaz，化学成分为含水的铝硅酸盐矿物（$Al_2SiO_4(F,OH)_2$），低级晶族，斜方晶系，玻璃光泽，一组完全解理，摩氏硬度为8，密度为3.53g/cm^3，折射率1.619～1.627，双折射率0.008～0.010，非均质体，二轴晶，正光性（图97～图100）。

图 95　刚玉外观图

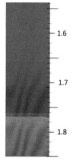

图 96　刚玉的折射率（1.762~1.770）

图 97　托帕石外观图

图 98　托帕石从冠状主刻面观察到的重影

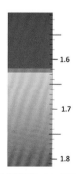

图 99　托帕石的折射率（1.619~1.627）

图 100　托帕石气液两相包裹体

d）绿柱石

绿柱石族中绿色品种被称为祖母绿，蓝色品种为海蓝宝石，粉红色品种为摩根石，无色品种为透绿柱石等。由于它具有玻璃光泽和较高的摩氏硬度，无色绿柱石粗看和钻石较为类似。

绿柱石，英文名称 Beryl，化学成分为铍铝硅酸盐矿物（$Be_3Al_2(SiO_3)_6$），中级晶族，六方晶系，玻璃光泽，一组不完全解理，摩氏硬度为 7.5～8，密度为 2.72g/cm³，折射率 1.577～1.583，双折射率 0.005～0.009，非均质体，一轴晶，正光性（图 101～图 104）。

e）水晶

水晶自古就有"水玉""水精"之称，水晶颜色很多，有无色、紫色、黄色等，无色水晶在整个水晶族群中分布最广，数量也最多。无色水晶是佛教七宝之一，无色水晶还是结婚十五周年纪念宝石。由于它具有玻璃光泽和较高的摩氏硬度，无色水晶粗看和钻石较为类似。

水晶，英文名称 Rock Crystal，化学成分为二氧化硅（SiO_2），中级晶族，三方晶系，玻璃光泽，无解理，摩氏硬度为 7，密度为 2.65g/cm³，折射率 1.544～1.553，双折射率 0.009，非均质体，一轴晶，正光性，可见"牛眼"干涉图（图 105～图 108）。

 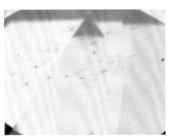 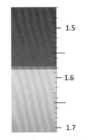 

图 101　绿柱石外观图　　图 102　绿柱石定向排列包裹体　　图 103　绿柱石的折射率（1.577~1.583）　　图 104　绿柱石云雾状包裹体和定向针状包裹体

  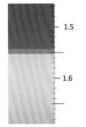 

图 105　水晶外观图　　图 106　水晶的重影　　图 107　水晶的折射率（1.544~1.553）　　图 108　水晶的干涉色

（2）人工宝石仿钻石

天然的宝石由于外观与钻石差异性较大，实际市场交易中，用于仿冒钻石、制作廉价钻石仿制品首饰方面大显身手的是各种各样的人工宝石。

a）合成金红石

1947 年，焰熔法合成的金红石问世。合成金红石具有很高的折射率和色散率，切磨抛光后，具有极强的火彩，与钻石外观极为相似。

合成金红石，英文名称 Synthetic Rutile，化学成分为氧化钛（TiO_2），中级晶族，四方晶系，亚金刚到金刚光泽，不完全解理，摩氏硬度为 6～7，密度为 4.26g/cm^3，折射率 2.616～2.903，非均质体，一轴晶，正光性（图 109～图 112）。

b）合成碳硅石

合成碳硅石又称"莫依桑石"。合成碳硅石的历史可追溯到一百多年前，Edward G.Acheson 于 1893 年

在试图合成钻石过程中偶然发现这种高硬度并可作为研磨材料的合成物质。过后不久，诺贝尔奖获得者化学家 Henri Moissan 在迪亚布洛峡谷陨石中发现天然的碳硅石矿物；1905 年，Kunz 用"Moissanite"来命名这种天然的碳硅石矿物，以表示人们对 Henri Moissan 的敬意。后来，陆续有关于合成碳硅石的报道，但多数产品是有颜色的，难以达到仿制近无色钻石的效果。1997 年秋季，美国北卡罗来纳州 C3 公司（C3 Inc.）成功地推出他们的新产品——近无色的合成碳硅石，并于 1998 年初投入市场，是一种最新的钻石仿制品。

合成碳硅石，英文名称 Synthetic Moissanite，化学成分为碳化硅（SiC），中级晶族，六方晶系，金刚光泽，无解理，摩氏硬度为 9.25，密度为 3.22g/cm3，折射率 2.648～2.691，双折射率 0.043，非均质体，一轴晶，正光性（图 113～图 116）。

图 109 合成金红石外观图

图 110 合成金红石的双折射现象

图 111 合成金红石表面磨损现象

图 112 合成金红石云雾状包裹体（左）和未含云雾状包裹体的金红石（右）对比

图 113 合成碳硅石外观图

图 114 合成碳硅石晶体原石

图 115 合成碳硅石的双折射现象

图 116 合成碳硅石针状包裹体

c）合成立方氧化锆

合成立方氧化锆也被称为"俄国钻""苏联钻"等，合成立方氧化锆是两位德国化学家（Von·Stadkelberg和Chudoba）于1937年在高度蜕晶化的锆石中发现的微小颗粒。当时这两位科学家没有给它定矿物学名称，所以至今人们仍用它的晶体化学名称"立方氧化锆"（Cubic Zirconia，简写CZ）称呼它。1972年，苏联的研究人员（Aleksandrov等）使用了一种称为"冷坩埚熔壳法"的技术，生长出了熔融温度高达2800℃左右的立方氧化锆晶体。1976年起，苏联把无色的合成立方氧化锆作为钻石的仿制品推向市场，由于其与钻石相似度高，它迅速取代了其他的钻石仿制品。

合成立方氧化锆，英文名称Synthetic Cubic Zircon，化学成分为二氧化锆（ZrO_2），高级晶族，等轴晶系，亚金刚光泽，无解理，摩氏硬度为8.5，密度为5.89g/cm^3，折射率2.150，均质体（图117～图120）。

d）合成刚玉

20世纪初，随着维尔纳叶（Verneuil）发明用焰熔法生产晶体的成功，焰熔法合成无色蓝宝石成为最早用来仿冒钻石的合成宝石之一，另外一个是焰熔法合成无色尖晶石，它们于20世纪初见于珠宝市场，并称为"Diamondite"。

合成刚玉，英文名称Synthetic Corundum，化学成分为氧化铝（Al_2O_3），中级晶族，三方晶系，强玻璃光泽，无解理，可见裂理，摩氏硬度为9，密度为4.00g/cm^3，折射率1.762～1.770，双折射率0.008～0.010，非均质体，一轴晶，负光性（图121～图124）。

  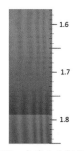 

图 117 合成立方氧化锆外观图 | 图 118 合成立方氧化锆的火彩 | 图 119 合成立方氧化锆的折射率 | 图 120 合成立方氧化锆（左）和钻石（右）光泽对比

  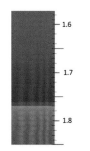 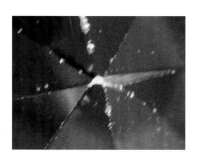

图 121 合成刚玉外观图 | 图 122 合成刚玉抛光纹 | 图 123 合成刚玉的折射率 | 图 124 合成刚玉重影

e）合成尖晶石

1908年L.帕里斯在用焰熔法合成蓝宝石的过程中，使用 Co_2O_3 作致色剂，MgO作熔剂，偶然得到了合成尖晶石。无色合成尖晶石由于其玻璃光泽和硬度，粗看和钻石较为类似。

合成尖晶石，英文名称Synthetic Spinel，化学成分为镁铝氧化物（$MgAl_2O_4$），高级晶族，等轴晶系，玻璃光泽，无解理，摩氏硬度为8，密度为3.64g/cm^3，折射率1.728，均质体（图125~图128）。

f）合成无色绿柱石

合成绿柱石，主要合成方法为水热法，目前可以合成多种颜色，常见的有绿色、红色、还可见蓝色、蓝绿色等。

合成绿柱石，英文名称Hydrothermal Synthetic Beryl，化学成分为铍铝硅酸盐酸盐矿物（$Be_3Al_2(SiO_3)_6$），中级晶族，六方晶系，玻璃光泽，一组不完全解理，摩氏硬度为7.5~8，密度为2.72g/cm^3，折射率1.577~1.583，双折射率0.005~0.009，非均质体，一轴晶，正光性（图129~图132）。

图 125 合成尖晶石外观图

图 126 合成尖晶石表面的贝壳状断口

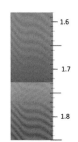

图 127 合成尖晶石的折射率

图 128 合成尖晶石（左）和钻石（右）刻面棱尖锐程度对比

图 129 合成绿柱石外观图

图 130 合成绿柱石原石

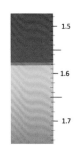

图 131 合成绿柱石的折射率

图 132 合成绿柱石的水波纹

g）玻璃

玻璃是万能的仿制品，4000年前的美索不达米亚和古埃及的遗迹里曾有小玻璃珠的出土。大约在4世纪，古罗马人开始把玻璃应用在门窗上，到1291年，意大利的玻璃制造技术已经非常发达。公元12世纪，商品玻璃出现了，并开始成为工业材料。1688年，一名叫纳夫的人发明了制作大块玻璃的工艺，从此，玻璃成了普通的物品。18世纪，为适应制望远镜的需要，光学玻璃被制造出来。1874年，比利时首先制出平板玻璃。1906年，美国制出平板玻璃引上机，此后，随着玻璃生产的工业化和规模化，各种用途和各种性能的玻璃相继问世。现代，玻璃已成为日常生活、生产和科学技术领域的重要材料。

玻璃，英文名称Glass-Artificial Product，化学成分二氧化硅（SiO_2），非晶体，玻璃光泽，无解理，摩氏硬度为5~6，密度为2.30 ~ 4.50g/cm³，折射率1.470 ~ 1.700（含稀土元素玻璃1.800），均

质体（图133～图136）。

h）人造钇铝榴石

1960年，人造钇铝榴石出现于市场，由于其与钻石相似度高，迅速成为当时常见的钻石仿制品。人造钇铝榴石是用助熔剂法或提拉法生产的人造晶体，被用于首饰制作的钇铝榴石多采用生产成本较低的提拉法。

人造钇铝榴石，英文名称YAG（Yttrium Aluminum Garnet-Artificial Product），化学成分$Y_3Al_5O_{12}$，高级晶族，等轴晶系，玻璃光泽—亚金刚光泽，无解理，摩氏硬度为8，密度为4.50 ~ 4.60g/cm³，折射率1.833，均质体（图137～图140）。

另一些与人造钇铝榴石相似的材料，例如人造氧化钇（Y_2O_3）、人造铝酸钇（$YAlO_3$）和人造铌酸锂（$LiNbO_3$）等，也都有很高的折射率和色散率，与钻石接近。但这些材料都是双折射的，有的硬度也较低，很少用作钻石仿制品。

图133 玻璃外观图

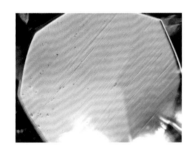
图134 玻璃的抛光纹

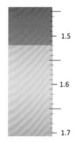
图135 玻璃的折射率（1.520）

图136 玻璃的贝壳断口

图137 人造钇铝榴石外观图

图138 人造钇铝榴石的深色包裹体

图139 人造钇铝榴石的棱线磨损

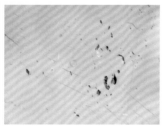
图140 人造钇铝榴石表面的破损

i）人造钆镓榴石

人造钆镓榴石一种提拉法生产的人造晶体，被切磨成圆明亮式琢型之后，具有与钻石相似的外观，人造钆镓榴石在紫外光的照射下，会变成褐色，并产生雪花状的白色内含物。这种现象由紫外光诱发所致，这成为其被用来钻石仿制品的一项不利因素。

人造钆镓榴石，英文名称 GGG（Gadolinium Gallium Garnet –Artificial Product），化学成分 $Gd_3Ga_5O_{12}$，高级晶族，等轴晶系，玻璃光泽—亚金刚光泽，无解理，摩氏硬度为 6~7，密度为 7.05g/cm³，

折射率 1.970，均质体（图 141~图 144）。

j）人造钛酸锶

1953 年用"彩光石"（Fabulit）的品名见于市场的钛酸锶是一种折射率与色散率都很高的材料。切磨之后，其外观比合成金红石更像钻石。

人造钛酸锶，英文名称 Strontium Titanatet-Artificial Product，化学成分为钛酸锶（$SrTiO_3$），高级晶族，等轴晶系，玻璃光泽到亚金刚光泽，无解理，摩氏硬度为 5~6，密度为 5.13g/cm³，折射率 2.409，均质体（图 145~图 148）。

图 141 人造钆镓榴石外观图

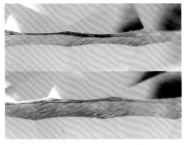

图 142 人造钆镓榴石腰围特征

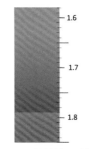

图 143 人造钆镓榴石的折射率

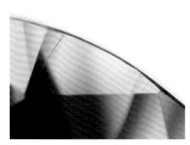

图 144 人造钆镓榴石的抛光纹

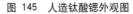

图 145 人造钛酸锶外观图

图 146 人造钛酸锶的色带

图 147 人造钛酸锶弯曲生长纹

图 148 人造钛酸锶晶格裂纹

k）人造铌酸锂

人造铌酸锂晶体是 1965 年由苏联 Fedulov 和美国 Ballman 合成。历经四十多年的发展，人造铌酸锂不仅成为非常重要的非 Chemicalbook 线性光学晶体，而且随着化学计量比人造铌酸锂晶体和准相位匹配技术（QPM）的发展，仍然是目前非线性光学晶体研究领域的热点。

人造铌酸锂，英文名称 Lithium Niobate -Artificial Product，化学成分为铌酸锂（$LiNbO_3$），

中级晶族，三方晶系，亚金刚光泽，无解理，摩氏硬度为 5，密度为 4.64g/cm³，折射率 2.203～2.286，非均质体，一轴晶，负光性（图 149）。

l）人造钽酸锂

人造钽酸锂，英文名称 Lithium Tantalate -Artificial Product，化学成分为钽酸锂（$LiTaO_3$），中级晶族，三方晶系，亚金刚光泽，无解理，摩氏硬度为 5.5～6.0，密度为 7.45 g/cm³，折射率 2.176～2.186，非均质体，一轴晶（图 150 ～图 152）。

图 149 人造铌酸锂外观图

图 150 人造钽酸锂外观图

图 151 人造钽酸锂重影

图 152 人造钽酸锂（左）和钻石（右）火彩对比

2. 常见钻石仿制品基本性质小结

尽管钻石的仿制品接近 20 种，但是市场上常见钻石仿制品不超过 10 种，钻石常见仿制品性质如表 5 所示。

表 5 常见钻石仿制品基本性质表

宝石名称	英文名称	化学成分	晶系	光性	折射率 / 双折率	色散	密度 (g/cm^3)	硬度
钻石	Diamond	C	等轴晶系	均质体	2.417	0.044	3.52	10
锆石	Zircon	$ZrSiO_4$	四方晶系	非均质体 一轴晶	1.93~1.99 /0.059	0.038	4.60	7.5
刚玉	Corundum	Al_2O_3	三方晶系	非均质体 一轴晶	1.761~1.770 /0.009	0.018	4.00	9
水晶	Rock Crystal	SiO_2	三方晶系	非均质体 一轴晶	1.544~1.553 /0.009	0.013	2.65	7
托帕石（黄玉）	Topaz	$Al_2SiO_4(F,OH)_2$	斜方晶系	非均质体 二轴晶	1.619~1.627 /0.010	0.014	3.53	8
绿柱石	Beryl	$Be_3Al_2Si_6O_{18}$	六方晶系	非均质体 一轴晶	1.577~1.583 /0.009	0.014	2.72	7.5
合成碳硅石	Synthetic Moissanite	SiC	六方晶系	非均质体 一轴晶	2.648~2.691 /0.043	0.104	3.22 (±0.02)	9.25
合成立方氧化锆	CZ（Cubic Zirconia）	ZrO_2	等轴晶系	均质体	2.15 (±0.03)	0.060	5.80 (±0.2)	8.5
合成尖晶石	Synthetic Spinel	$MgAl_2O_4$	等轴晶系	均质体	1.727	0.020	3.63	8
玻璃	Glass	SiO_2	非晶体	均质体	1.470~1.700	0.008~0.031	2.30~4.50	5~6

三、钻石仿制品的鉴别

合成立方氧化锆、人造钛酸锶、人造钆镓榴石、人造钇铝榴石、合成金红石、合成刚玉、合成尖晶石和玻璃等都是钻石的仿制品。但是它们与钻石相比，都有明显的不同，容易被识别出来。如人造钛酸锶和合成金红石的色散（火彩）太强，硬度低；而合成刚玉、合成尖晶石和人造钇铝榴石的色散较弱，火彩不足，有些可用折射仪测出它们的折射率；玻璃的硬度低，通常含有气泡和旋涡纹；人造钆镓榴石和合成立方氧化锆的比重非常大。此外，这些仿制品的导热性与钻石有明显的差异，用热导仪可方便快捷地鉴别出来。

1. 肉眼观察

肉眼观察主要从样品的颜色、光泽、火彩、透视情况及其他物理性质方面进行，以对样品属性进行初步判断，为后续检测方案制定提供依据。肉眼鉴别的方法方式多种多样，但总的来说都只能起到辅助鉴定的作用，必须结合仪器检测综合判定。

（1）颜色

目前钻石仿制品主要是以仿无色—浅黄色钻石为主，尤其以无色居多，个别品类中也经常出现浅黄色调，有一定迷惑性。但总的来说颜色在仿制品初步判别方面不是特别重要。而对于合成及处理钻石，尤其对于改色处理钻石，颜色的色调、均匀性、浓艳程度在一定程度上可以起到初步判断的作用（图153～图156）。

图 153　钻石

图 154　辐照处理钻石

图 155　钻石仿制品

图 156　化学气相沉淀法合成钻石

（2）光泽

由于具有高折射率值, 加工后的钻石呈现金刚光泽, 是所有无色透明宝石材料中光泽最强的, 切磨的成品刻面反光亮度高。

而大部分钻石仿制品由于折射率较低, 通常呈现强玻璃——玻璃光泽（图 157～图 158）。这对于仿制品鉴别能够起到很好的作用, 但有些折射率高的仿制品, 光泽上与钻石肉眼很难区分, 值得注意。对于合成及处理钻石, 光泽上没有鉴定意义。

（3）火彩（闪烁色）

钻石的高折射率值和高色散值导致钻石具有一种特殊的"火彩", 特别是切割完美的钻石。有经验的人, 即可通过识别这种特殊的"火彩"来区分钻石和仿制品

（图 159～图 162）。

需要说明的是一些仿制品, 如合成立方氧化锆、人造钛酸锶等, 由于它们的某些物理性质参数比较接近钻石, 亦可出现类似于钻石的"火彩"。而其他仿制品所表现出的"火彩"不是太弱就是太强, 在鉴定时应细心区别。

火彩跟材料色散值直接相关, 其次与切工关联。标准圆钻型切工钻石, 火彩表现完美, 色斑丰富多彩, 变化灵活。色散值低的钻石仿制品, 火彩表现不明显, 很容易区分。个别仿制品色散值过高, 火彩表现极为艳丽, 也容易与钻石区分开, 如合成金红石。同时从亭部观察色散呈现出的闪烁色, 钻石以橙色、蓝紫色色调为主, 其他仿制品与钻石不一致, 也可以起到一定辅助判定作用。对于合成及处理钻石, 火彩鉴定没有意义。

图 157 钻石仿制品（合成立方氧化锆）的亚金刚光泽（左）和钻石的金刚光泽（右）对比, 钻石反光能力较强, 几乎看不到亭部刻面, 合成立方氧化锆相反

图 158 钻石仿制品（合成尖晶石）的玻璃光泽（左）和钻石的金刚光泽（右）对比

图 159 钻石的火彩（钻石色 散值0.044）

图 160 合成立方氧化锆的火彩（合成立方氧化锆色 散值0.060）

图 161 合成碳硅石的火彩（合成碳硅石色 散值0.104）

图 162 合成尖晶石的火彩（合成尖晶石色 散值0.020）

（4）透过率（线条试验）

将标准圆钻型切工的样品台面向下放在一张有线条的纸上，如果样品是钻石则亭部全部或者一大半看不到纸上的线条（图163），否则样品为钻石的仿制品（图164）。这是因为在一般情况下，圆钻型切工钻石的设计就是让所有由冠部射入钻石内部的光线，通过折射与全内反射，最后由冠部射出，几乎没有光能够通过亭部刻面，因此就看不到纸上线条。但是应该注意的是，其他宝石通过特殊的设计加工，也都有可能达到同样的效果（图165）。而切工比率差的钻石或者异型钻石（图166），有时也可能看到线条。

图 163　钻石亭部的全部或者一大半不可见线条［第一行为台面向下的钻石全内反射现象，第二行为台面向下的同样两粒钻石样品放在一张有线条的纸上，全部（右下）或者一大半区域（左下）则看不到纸上的线条现象］

图 164　钻石仿制品可见线条（第一行为台面向下的钻石仿制品漏光现象，第二行为台面向下的同样三粒钻石仿制品样品放在一张有线条的纸上，能看到纸上的线条现象）

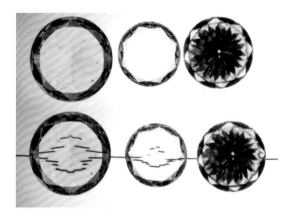

图 165　所有样品均为钻石仿制品，部分钻石仿制品中不可见线条现象［第一行为台面向下的钻石仿制品漏光现象（第一行左一和左二）和全内反射现象（第一行右一），第二行为台面向下的同样三粒钻石仿制品样品放在一张有线条的纸上，观察纸上的线条现象］

图 166　左图：台面向下的异型切工钻石漏光现象。右图：异型切工钻石亭部的全部或者一大半区域可见线条［台面向下的同样钻石样品放在一张有线条的纸上，全部（右）或者一大半（左）则看得见纸上的线条现象］

（5）亲油疏水性试验

钻石具有独特的亲油疏水性，具体表现为两个方面。

a）油笔划线

当用油性笔在钻石表面划过时可留下清晰而连续的线条，相反，当油性笔划过钻石仿制品表面时，墨水常常会聚成一个个小液滴，不能出现连续的线条。

b）托水性试验

充分清洗样品，将小水滴点在样品上，如果水滴能在样品的表面保持很长时间，则说明该样品为钻石，如果水滴很快散布开，则说明样品为钻石的仿制品。

（6）呵气试验

钻石的导热性极强，对着钻石呵气，表面的水汽迅速冷凝，形成一层薄薄的雾气。观察钻石颜色时，这一性质常被用来避免反射光的干扰，有效提高分级准确性。

（7）"闪烁"色观察

用镊子或宝石夹将宝石亭部朝上放在显微镜架子边缘，用暗场照明，前后轻轻摇动宝石并观察来自亭部刻面的色散"闪烁"色。钻石及常见仿制品的"闪烁"色分别是：钻石（图167），大致为橙色、蓝紫色；合成立方氧化锆（图168），主要是橙色闪烁；人造钛酸锶，呈多种光谱色；人造钇铝榴石，主要是蓝色和紫色；人

造钆镓榴石，同钻石"闪烁"色。

2.10× 放大观察

10× 放大镜是鉴定钻石的一个很重要的工具，鉴定人员完全可以凭借10× 放大镜来完成钻石的鉴定和"4C"分级（图169）。

显微镜（图170）与10× 放大镜作用基本相同，所不同的是显微镜的视域、景深和照明条件均优于放大镜。显微镜通常只在实验室中使用，对高净度级别的钻石，使用显微镜观察是十分必要的。

（1）切磨特征观察

钻石是一种贵重的高档宝石，其切磨质量要求很高，而钻石的仿制品相对价格低廉，切磨质量往往较低，不易与钻石混淆。

a）刻面特征

通常钻石成品刻面平滑，很少出现大量的"抛光纹"等切磨不良的特征，同种刻面形状差异、大小差异不大，总体的切磨比率较好。而钻石仿制品表面经常出现各种抛磨痕迹（图171），同种刻面形状差异、大小差异明显，切磨比率较差（图172），有破损（图173）等现象，但是也有例外（图174）。

图167 钻石的闪烁色（钻石色散值0.044）

图168 合成立方氧化锆的闪烁色（合成立方氧化锆色散值0.060）

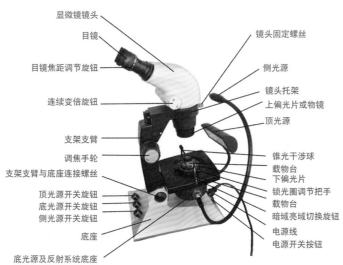

显微镜镜头
目镜
目镜焦距调节旋钮
连续变倍旋钮
支架支臂
调焦手轮
支架支臂与底座连接螺丝
顶光源开关旋钮
底光源开关旋钮
侧光源开关旋钮
底座
底光源及反射系统底座

镜头固定螺丝
侧光源
镜头托架
上偏光片或物镜
顶光源
锥光干涉球
载物台
下偏光片
锁光圈调节把手
载物台
暗域亮域切换旋钮
电源线
电源开关按钮

图 169　10× 放大镜和镊子配合使用姿势　　　　　图 170　宝石显微镜及其各部分结构名称

图 171　钻石仿制品（托帕石）刻面磨损痕迹与钻石对比　　　图 172　钻石仿制品（合成立方氧化锆）同种刻面形状差异大

图 173　钻石仿制品（合成碳硅石）贝壳状断口　　　图 174　合成碳硅石切工比率良好，同种刻面等大

b）棱线特征

由于钻石的摩氏硬度最高，两个面相交的刻面棱纤细、尖锐、锋利（图 175），而钻石仿制品由于摩氏硬度较低，呈现明显圆滑、圆钝的棱线（图 176），常常磨损严重（图 177～图 178）。

c）交点特征

这里的交点是指三个或三个以上刻面的交汇点，钻石一般切工较好，比率适中，修饰度好，很少出现大量的"尖点不尖""尖点不齐"等修饰度问题，而钻石仿制品通常会出现大量"尖点不尖""尖点不齐"等由交汇尖点引发的修饰度问题（图 179），但是也有例外（图 180）。

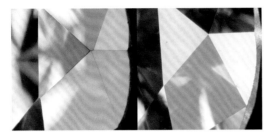

图 175　钻石仿制品（左：合成尖晶石）圆钝棱线与钻石（右）锋利棱线对比

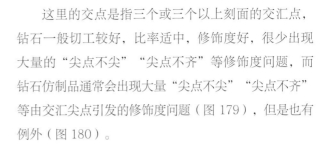

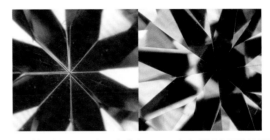

图 176　钻石仿制品（左：合成尖晶石）亭尖附近磨损的棱线与钻石（右）棱线对比

图 177　钻石台面刻面棱线完好

图 178　钻石仿制品（合成立方氧化锆）台面刻面棱线有破损

图 179　钻石仿制品（合成立方氧化锆）中的尖点未对齐现象

图 180　钻石仿制品（合成碳硅石）中尖点未对齐现象

d）腰棱特征

由于钻石硬度很大，在加工时很多钻石的腰部不抛光而保留粗面。这种粗糙而均匀的面呈毛玻璃状，又称"砂糖状"（图181）。而钻石的仿制品由于硬度小，虽然腰部都经抛光，但在抛光面上仍可保留打磨时的痕迹，如细微垂直纵纹等（图182）。

此外钻石在切磨过程中，为尽可能保留重量，在某些钻石的腰棱及其附近可见原始晶面和三角座等天然生长痕迹、胡须（解理从腰棱向里延伸而形成）以及V

形破口等。

（2）内含物特征观察

用内含物区分钻石和钻石仿制品，主要从重影现象、内部包裹体、生长结构三个方面观察。

a）重影现象观察

钻石是均质体，不可见重影现象（图183），非均质体的钻石仿制品，放大观察中常见重影现象（图184），例如合成碳硅石、合成金红石、锆石等。

图181　钻石（"砂糖状"粗磨腰）

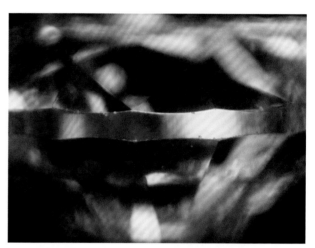

图182　钻石仿制品（合成立方氧化锆抛光腰棱可见细微垂直纵纹，切腰棱上下边界有不均匀破损现象）

图183　均质体，不可见重影现象

图184　非均质体，可见重影现象

b）内部包裹体观察

钻石内部常含晶体包裹体，晶体包裹体类型多种多样，有磁铁矿、赤铁矿、金刚石、透辉石、顽火辉石、石榴石、橄榄石、锆石和石英等，钻石中晶体常被应力裂隙所环绕，可见铁染的裂隙和含黑色薄膜的裂隙和云状物等（图185、图186）；而部分仿制品则内部通常比较干净，偶尔可见含有多相包裹体、大量平行针状包裹体（图187、图188）等。这是钻石与其他人工仿制品的根本区别。

c）生长结构现象观察

实际观察中，钻石在表面或内部可见一些平行的生长纹路，在腰棱打圆过程中，出于保重目的可见天然晶面留下的痕迹，包括各种内凹原始晶面（图189）、三角座等，而钻石仿制品中生长纹和腰围的内凹原始晶面基本不可见（图190）。

图 185 钻石（晶体包裹体）

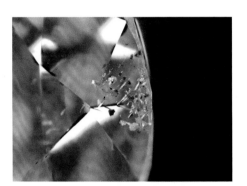

图 186 钻石（铁浸染的黄色裂隙）

图 187 钻石仿制品（合成碳硅石针状包裹体）

图 188 钻石仿制品（托帕石的气液固三相包裹体）

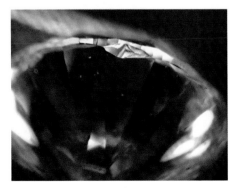

图 189 钻石（内凹原始晶面）

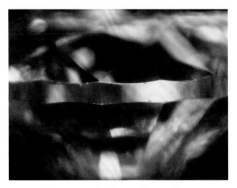

图 190 钻石仿制品的腰围特征

3. 宝石实验室常规仪器鉴别

钻石和钻石仿制品由于物理性质参数不同，在宝石实验室常规仪器检测下较易区分。

（1）折射率检测

钻石折射率为 2.417，超出折射仪测试范围，除个别折射率超过 1.78 的钻石仿制品外（图 191），绝大部分钻石仿制品可测出折射率（图 192 ~ 图 196），折射率可有效区分大部分钻石与仿制品（表 6）。

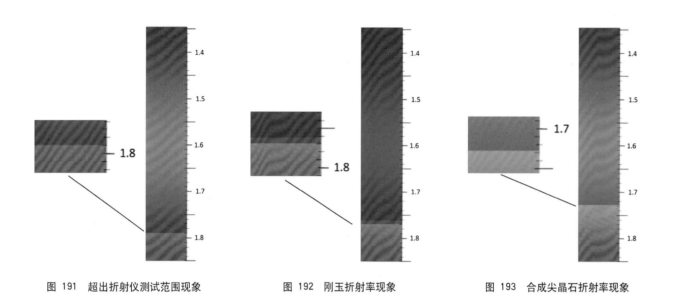

图 191　超出折射仪测试范围现象　　　　图 192　刚玉折射率现象　　　　图 193　合成尖晶石折射率现象

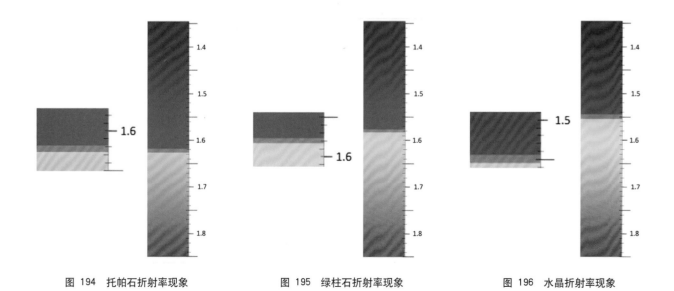

图 194　托帕石折射率现象　　　　图 195　绿柱石折射率现象　　　　图 196　水晶折射率现象

表6 钻石与常见钻石仿制品折射率对照表

序号	宝石名称	折射率	双折射率
01	钻石	2.417	无
02	锆石	1.930~1.990	0.059
03	刚玉	1.761~1.770	0.009
04	水晶	1.544~1.553	0.009
05	托帕石（黄玉）	1.619~1.627	0.010
06	绿柱石	1.577~1.583	0.009
07	合成碳硅石	2.648~2.691	0.043
08	合成立方氧化锆	2.150	无
09	合成尖晶石	1.727	无
10	玻璃	1.500~1.700	无

（2）光性检测

钻石为均质体宝石（图 197），而水晶、锆石、无色蓝宝石、托帕石、合成碳硅石等均为非均质体（图 198），用偏光镜很容易将它们区分开来（表 7），但应注意钻石的异常消光（图 199）、假消光及高折射率材料切磨成标准圆钻型后全亮现象（图 200）。

表 7 钻石与钻石仿制品光性对照表

序号	宝石名称	晶系	光性
01	钻石	等轴晶系	均质体
02	锆石	四方晶系	非均质体，一轴晶
03	刚玉	三方晶系	非均质体，一轴晶
04	水晶	三方晶系	非均质体，一轴晶
05	托帕石（黄玉）	斜方晶系	非均质体，二轴晶
06	绿柱石	六方晶系	非均质体，一轴晶
07	合成碳硅石	六方晶系	非均质体，一轴晶
08	合成立方氧化锆	等轴晶系	均质体
09	合成尖晶石	等轴晶系	均质体
10	玻璃	非晶体	均质体

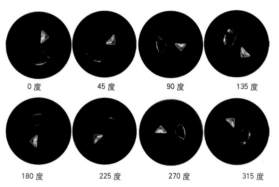

图 197 均质体在正交偏光镜下转动 8 个方向的全暗现象（蓝色为均质体宝石的全暗现象，黄色为高折射率材料人造钇铝榴石的全亮现象）

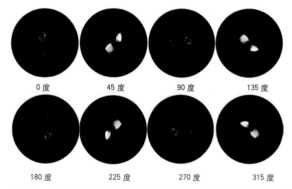

图 198 非均质体在正交偏光镜下转动 8 个方向的四明四暗现象

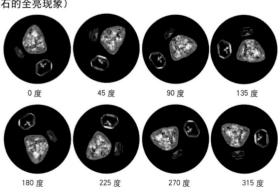

图 199 均质体（钻石）在正交偏光镜下的异常消光现象

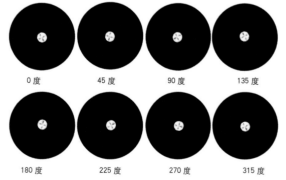

图 200 标准圆钻型高折射率材料正交偏光镜下转动 8 个方向全亮现象（合成立方氧化锆）

（3）发光性检测

这里的发光性是指在长波紫外线照射下钻石的发光性。绝大部分钻石该条件下发出的是强弱不等的蓝—白色荧光，有些钻石不发荧光（图 201 ~ 图 203），但是钻石仿制品的发光性较为稳定（表 8）（图

204 ~ 图 206）。

钻石荧光的差异性在检测群镶首饰时是非常有用的。若同种能量照射下，待测样品出现荧光的强度和色调不一致的情况，表明被检测样品为钻石的概率很高。

图 201　自然光下的钻石

图 202　长波紫外光（LW）下钻石发光性

图 203　短波紫外光（SW）下钻石发光性

图 204　自然光下的钻石仿制品

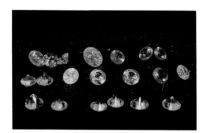

图 205　长波紫外光（LW）下钻石仿制品发光性

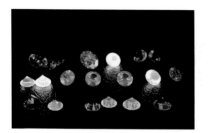

图 206　短波紫外光（SW）下钻石仿制品发光性

表 8　钻石与钻石仿制品发光性对照表

序号	宝石名称	发光性	
		长波 LW	短波 SW
01	钻石	以实际观察为准	
02	锆石	无	强~中，褐黄色
03	刚玉	无	中，浅蓝绿色
04	水晶	无	无
05	托帕石（黄玉）	无	无
06	绿柱石	无	无
07	合成碳硅石	无	无
08	合成立方氧化锆	无	弱，黄色
09	合成尖晶石	无	中，蓝绿色
10	玻璃	无	中，白色

（4）相对密度检测

对于未镶嵌的裸钻和毛坯，相对密度检测也是鉴别钻石真伪的有效手段。相对密度的检测可采用静水称重法（图207），建议用四氯化碳或酒精作为介质，以使测量值更精确。也可以利用二碘甲烷比重液进行测试（图208）。

（5）吸收光谱检测

天然产出的钻石绝大多数是Ia型（约占98%），由N致色，这类钻石在415.5nm处有一吸收线，因此，使用分光镜观测415.5nm吸收线对于钻石的鉴定，特别是对于区分钻石与合成钻石十分有效。由于415.5nm吸收线位于紫区，普通的分光镜分辨率较低，又靠近谱图端缘，所以不易被观察到。

随着科技的不断发展，人们已能够采用紫外可见分光光谱仪并应用低温技术准确测量钻石的吸收光谱。1996年De Beers的研究部门推出的Diamond Sure仪器（图209），用于天然钻石和合成钻石的鉴别。该仪器采用分光光度计的原理，专门测量样品是否具有415.5nm吸收线，无色—黄色系列（白色到浅黄色）钻石，紫区（415.5nm）处有一强吸收带。目前国内也有类似的紫外可见分光光谱仪（广州标旗GEM-3000）用于检测钻石吸收光谱（图210）。

图 207 净水称重法

2.65	2.89	3.05	3.32
α-溴代萘+三溴甲烷	三溴甲烷	三溴甲烷+二碘甲烷	二碘甲烷
水晶	绿柱石	粉红色碧玺	无色透明翡翠

图 208 比重液法

图 209 Diamond Sure

图 210 紫外可见分光光谱仪（广州标旗 GEM-3000）

（6）导热性检测

钻石热导仪（图 211），这是以前鉴别钻石最有效、最常用的鉴别工具。不论被检测对象的大小、镶嵌与否、切磨裸石或原石均可测试。但自从合成碳硅石出现后，宝石使用热导仪测试后必须用合成碳硅石仪进一步确认和验证（图 212）。

（7）导电性检测

钻石具有导电性，可能原因有两个，一种可能是 IIb 型，钻石第二种可能是内部含有金属包裹体的钻石。而钻石仿制品大部分内部干净且为绝缘体，较易与 IIb 型钻石和含有金属包裹体的钻石区分。

（8）X- 射线透射

钻石由低原子序数碳元素组成，X- 射线能轻易地穿透，而钻石的仿制品多数是由高原子序数的元素组成，如合成立方氧化锆 X- 射线容易能吸收，钻石这一特性可用于它和其他仿制品的鉴别，测试方法是在一个有 X- 射线源的实验室内，将被测宝石放在摄影胶片上，用 X- 射线照射，钻石会让 X- 射线透过并使胶片曝光，而仿制品吸收 X- 射线，胶片则未曝光（图 213）。

图 211 热导仪

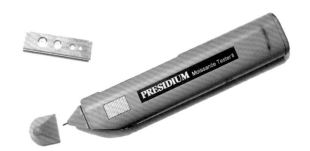

图 212 合成碳硅石仪

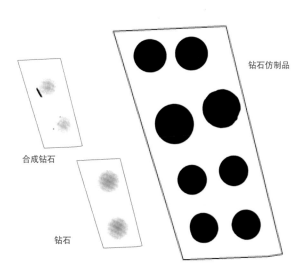

图 213 钻石和钻石仿制品在 X- 射线摄像仪下的现象

4. 钻石与仿制品鉴别流程

（1）钻石与仿制品鉴别流程

　　钻石与仿制品鉴别所涉及的仪器多种多样，鉴定选择条件不尽相同，但是总体思路大体一致，因此可以根据鉴定方式设计出多样化的鉴定流程。

（2）流程观察要点说明

a）肉眼及放大观察

　　观察流程，肉眼及放大观察要点见表9。

b）宝石实验室常规仪器检测

　　观察流程，宝石实验室常规仪器检测要点见表10。

表9 钻石及仿制品肉眼观察要点小结表

钻石仿制品种类	色散	10× 放大	其他特征
玻璃	不明显	无重影	切磨比率差，修饰度差
水晶	不明显	重影不明显	切磨比率差，修饰度差
绿柱石	不明显	重影不明显	切磨比率差，修饰度差
托帕石	不明显	重影不明显	切磨比率差，修饰度差
合成尖晶石	不明显	无重影	切磨比率差，修饰度差
刚玉	不明显	重影不明显	切磨比率差，修饰度差
锆石	明显	重影明显	刻面棱磨损严重、切磨比率差，修饰度差
合成立方氧化锆	明显	无重影	刻面切磨标准，但部分棱线有磨损，底尖破损，体色极白
合成碳硅石	明显	重影明显	刻面切磨标准，体色通透
钻石	明显	无重影	刻面切磨标准，少数样品可见底尖破损

表 10 钻石及钻石仿制品宝石实验室常规仪器观察要点小结表

钻石仿制品种类	折射率	双折射率	偏光镜下现象
玻璃	1.500~1.700	—	全暗或异常消光
水晶	1.544~1.553	0.009	四明四暗
绿柱石	1.577~1.583	0.009	四明四暗
托帕石	1.619~1.627	0.010	四明四暗
合成尖晶石	1.727	—	全暗或异常消光
刚玉	1.761~1.770	0.009	四明四暗
锆石	1.930~1.990	0.059	四明四暗
合成立方氧化锆	2.150	—	全暗或异常消光
合成碳硅石	2.648~2.691	0.043	四明四暗
钻石	2.417	—	全暗或异常消光

四、仿宝石的定名规则

根据《GB/T 16552-2017 珠宝玉石 名称》（图214）国家标准规定，对仿宝石定义及定名规则做如下要求。

1. 仿宝石定义

仿宝石，用于模仿某一种天然珠宝玉石的颜色、特殊光学效应等外观特征的珠宝玉石或其他材料。它不代表珠宝玉石的具体类别。

2. 仿宝石定名规则

仿宝石定名应在所仿的天然珠宝玉石基本名称前加"仿"字。尽量确定具体珠宝玉石名称，且采用下列表示方式，如："仿水晶（玻璃）"。确定具体珠宝玉石名称时，应遵循《GB/T 16552-2017 珠宝玉石 名称》国家标准规定的所有定名规则。"仿宝石"一词不应单独作为珠宝玉石名称。使用"仿某种珠宝玉石"表示宝玉石名称时，意味着该珠宝玉石：

（1）不是所仿的珠宝玉石，如"钻石仿制品"不是钻石；

（2）所用的材料有多种可能性，如"钻石仿制品"可能是玻璃、合成立方氧化锆或水晶等。

ICS 39.060
D 59

GB

中华人民共和国国家标准

GB/T 16552—2017
代替 GB/T 16552—2010

珠宝玉石 名称

Gems—Nomenclature

2017-10-14 发布　　　　　　　　2018-05-01 实施

中华人民共和国国家质量监督检验检疫总局
中国国家标准化管理委员会　发布

图 214 《GB/T 16552-2017 珠宝玉石 名称》封面

● 课后阅读 2：宝石内含物

第二节 钻石与合成钻石的鉴别

目前已知人工合成金刚石的方法有三种：

静压法：包括静压触媒法、静压直接转变法、种晶触媒法；

动力法：包括爆炸法、液中放电法、直接转变六方钻石法；

在亚稳定区域内生长钻石的方法包括气相法、液相外延生长法、气液固相外延生长法、常压高温合成法。

一、合成钻石的方法

目前，合成宝石级钻石主要方法有两种：高温高压法和化学气相沉淀法。

1. 高温高压法（HPHT）

高温高压法，英文全称为 High Temperature and High Pressure Method，常常缩写为 HPHT。

高温高压合成钻石是模拟天然钻石在地壳中高温高压的生成环境而生长钻石（图 215）。宝石级合成钻石过程中加入了钻石种晶片和金属触媒，属于静压法中的种晶触媒法。高温高压法合成钻石装置（压机）主要有：

（1）两面顶（欧美 Belt Apparatus）

（2）分离球（俄罗斯 BARS）

（3）六面顶（中国 Cubic Presser）

目前首饰用高温高压法合成钻石（图 216）的主要来自俄罗斯、乌克兰、美国、中国等国家。近年我国河南、山东、浙江等地已形成大规模高温高压法合成钻石，现产量现已稳居全球第一。

2. 化学气相沉积法（CVD）

化学气相沉积法，英文全称为 Chemical Vapor Deposition Method，常常缩写为 CVD。

化学气相沉积法（CVD）生长多晶金刚石膜，在 20 世纪 80 年代中期问世，单晶 CVD 金刚石在 20 世纪 90 年代末开始研发，至 2000 年代初元素六、卡耐基、阿波罗等公司生长成功，但未能市场销售。2012 年初新加坡的 IIa 公司采用微波等离子体用化学气相沉积法生长出无色高品质晶体（图 217～图 218），实现了从小钻到克拉级的首饰钻石商品化，其售价为同级天然钻石的 2/3~1/2 甚至 1/3，未来会更低，将对天然钻石市场引起了巨大冲击。实际上，单晶首饰钻石只是 CVD 应用的一小部分，大面积 4~8 英寸直径的单晶、多晶金刚石在声、光、化、电、热、医方面有更多、更重要的用途。

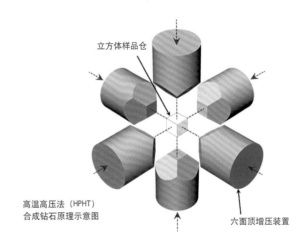

图 215 高温高压法合成钻石原理示意图

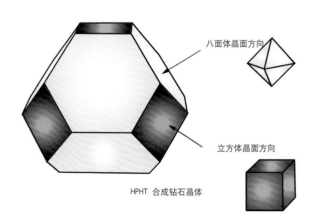

图 216 高温高压法合成钻石毛坯

化学气相沉淀（CVD）法生长反应装置主要有：

1、热丝（Hot Filament）

2、直流电弧喷射（DC Arc Jet）

3、微波等离子（Microwave Plasma）

前两种适合生长多晶薄膜。微波分为 2.45GHz 及 0.915GHz 两种频率，功率从数十到百 KW 的功率，其托盘直径可达 4～6 英寸，较前两种的生产效率（6KW，2 英寸）高很多，反应装置大型化是未来化学气相沉淀法（CVD）合成钻石的发展趋势。

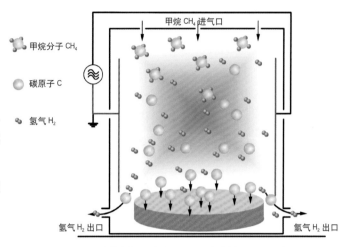

图 217 化学气相沉淀法（CVD）合成钻石原理示意图

二、合成钻石的鉴别

针对合成钻石鉴定，原石较为简单，一般晶体形态特征钻石与 HPHT 合成钻石、CVD 合成钻石差异较大，再结合其他方法和容易区分。成品鉴定较为复杂，鉴定者一般遵循肉眼观察——放大观察——常规检测——大型仪器检测的流程，寻找诊断性鉴定特征，为最终结论提供依据。但肉眼和放大观察能够起到有效的初步判断，并为后续检测方案制定提供思路。

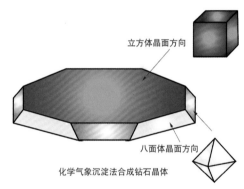

图 218 化学气相沉淀法（CVD）合成钻石毛坯

1.HPHT 合成钻石的鉴别

钻石和石墨都是碳元素（C）组成，但是两者结构不同（图 219）。钻石具有立方面心格子构造（图 220）。石墨层内碳原子以共价键相结合，层与层之间碳原子以分子键结合。二者由于结构不同，导致其在晶体形态、物理化学性质等方面有很大的差异。HPHT 合成钻石主要利用了钻石和石墨为同质多象变体的特点，在高温高压条件下将石墨向钻石晶体结构转化。

HPHT 合成钻石主要物理、化学性质与天然钻石类似，其主要区别在以下几个方面。

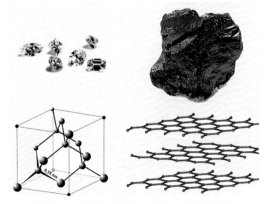

图 219 同质多象（左边为钻石，右边为石墨）

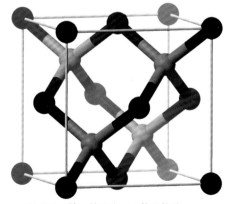

图 220 钻石的立方面心格子构造

（1）肉眼鉴别

a）颜色

大多数高温高压合成钻石以黄色、褐黄色、褐色为主，价格很有竞争力，可以作为同种天然彩钻的替代品。而蓝色和近无色等颜色的合成钻石由于技术难度大，成本相对较高。但近两年，HPHT 合成钻石技术日趋成熟，可以直接合成白色大颗粒晶体，或者经过高温高压处理，钻石颜色变白，可以达到高色级要求。但高温高压合成白色钻石多见淡蓝色调（图 221）。

b）结晶习性

高温高压法合成钻石的晶体多为八面体 {111} 与立方体 {100} 的聚形，晶形完整。晶面上常出现不同于天然钻石表面特征的树枝状、蕨叶状、阶梯状等图案（图 222～图 224），并常可见到种晶（图 225）。由于在合成钻石中有多种生长区，不同生长区中所含氮和其他杂质含量不同，会导致折射率的轻微变化，在显微镜下可观察到生长纹理及不同生长区的颜色差异。

图 221　HPHT 合成钻石毛坯的颜色

图 222　HPHT 合成钻石晶体的晶面花纹，解理和金属包裹体

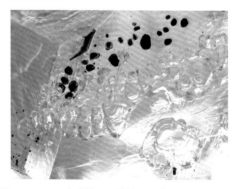

图 223　HPHT 合成钻石晶体的晶面花纹和金属包裹体

图 224　HPHT 合成钻石晶体的晶面花纹

图 225　HPHT 合成钻石种晶

（2）宝石实验室常规仪器鉴别

a）光性

在正交偏光下观察，天然钻石常具弱到强的异常消光现象，干涉色颜色多样，多种干涉色汇集形成镶嵌图案。而 HPHT 合成钻石异常消光现象很弱，干涉色变化不明显（图 226～图 227）。

b）吸收光谱

无色—浅黄色天然钻石具 Cape 线，即在 415.5nm、452nm、465nm 和 478nm 的吸收线，特别是 415.5nm 处吸收线的存在是指示无色—浅黄色钻石为天然钻石的确切证据。HPHT 合成钻石则缺失 415.5nm 吸收线（图 228 ～图 229）。HPHT 合成黄色钻石(Ib 型)出现在 550nm 附近短波方向，其吸收强度递增，HPHT 合成蓝色钻石(IIb)在可见光范围内，向长波方向其吸收强度递增。

c）内含物特征

HPHT 合成钻石内常可见到细小的铁合金触媒合金包裹体（图 230）、种晶和色带，净度以 P、SI 级为主，个别可达 VS 级甚至 VVS 级。

合金包裹体（图 231 ～图 232），一般呈长圆形、角状、棒状、棒状平行晶棱或沿内部生长区分界线定向排列，或呈十分细小的微粒状散布于整个晶体中，在反光条件下这些合金包裹体可见金属光泽，因此部分合成钻石可具有磁性。色带一般呈现不规则形状、沙漏形等（图 233）。

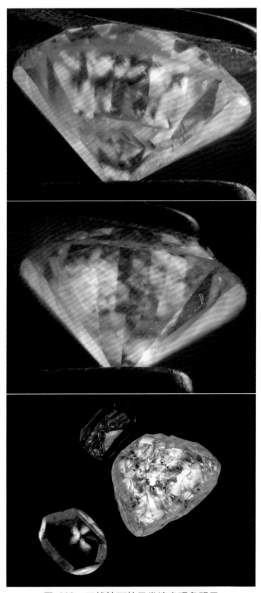

图 226　天然钻石的异常消光现象明显

图 227　HPHT 合成钻石的异常消光现象不明显

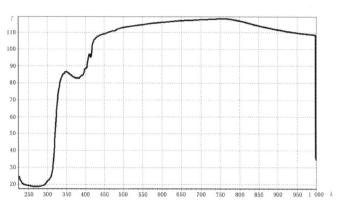

图 228　无色—浅黄色天然钻石吸收光谱[18]

图 229　HPHT 合成钻石吸收光谱（使用 Gem-3000 观察结果）

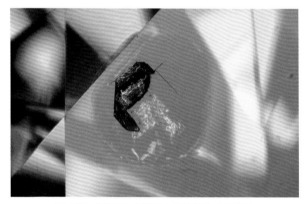

图 230　HPHT 合成钻石中的铁镍合金包裹体

图 231　HPHT 合成钻石中的铁镍合金包裹体

图 232　HPHT 合成钻石中的铁镍合金包裹体

图 233　HPHT 合成钻石中的沙漏状生长结构

d）发光性

HPHT 合成钻石在长波紫外光下荧光常呈惰性，短波紫外光下，多发淡黄色、橙黄色、黄绿色强弱不等的荧光。在 Diamond View 下，多数 HPHT 合成钻石发强弱不等的磷光，因受自身不同生长区的限制，并呈特征的几何对称生长分区结构（图 234～图 239）。

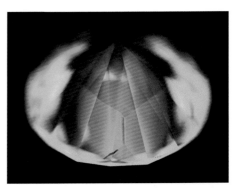

图 234　Diamond View 下 HPHT 合成钻石荧光颜色及分区现象

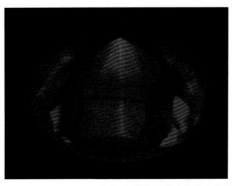

图 235　Diamond View 下 HPHT 合成钻石荧光颜色及分区现象

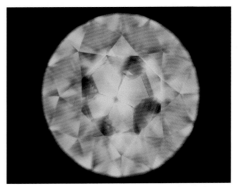

图 236　Diamond View 下 HPHT 合成钻石荧光颜色及分区现象

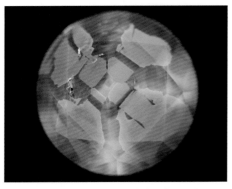

图 237　Diamond View 下 HPHT 合成钻石荧光颜色及分区现象

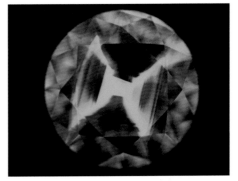

图 238　Diamond View 下 HPHT 合成钻石荧光颜色及分区现象

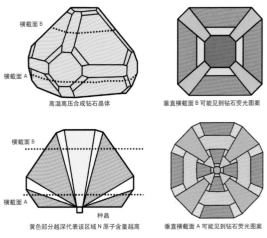

横截面 B

横截面 A

高温高压合成钻石晶体

垂直横截面 B 可能见到钻石荧光图案

横截面 B

横截面 A

种晶

黄色部分越深代表该区域 N 原子含量越高

垂直横截面 A 可能见到钻石荧光图案

图 239　Diamond View 下 HPHT 合成钻石荧光分区规律

此外，因为国内市场大量出现的天然钻石厘石中混入部分 HPHT 合成钻石，给检测带来极大困难，进而开发出针对钻石荧光和磷光进行快速筛选的仪器，有效解决了这一问题，如广州标旗 GLIS-3000 钻石荧光磷光检测仪（图 240）、南京宝光 GV-5000 钻石荧光磷光检测仪等（图 241）。

HPHT 合成钻石的不同生长区因所接受的杂质成分（如 N）的含量不同，而导致在阴极射线或超短紫外线作用，显示不同颜色和不同生长纹等特征，具体见表 11。

图 240 广州标旗 GLIS-3000 钻石荧光磷光检测仪

图 241 南京宝光 GV-5000 钻石荧光磷光检测仪

表 11 天然钻石与 HPHT 合成钻石发光性对比

发光性	天然钻石	高温高压合成钻石
荧光颜色及分区现象	天然钻石通常显示相对均匀的蓝色——灰蓝色荧光，有些情况下可见小块黄色和蓝白发光区，但这些发光区形态极不规则，不受某个生长区控制，分布也无规律性。	HPHT 合成钻石不同的生长区发出不同颜色的光，通常显示占绝对优势的黄—黄绿色光，并且具有和生长区形态一致的、规则的几何图形：八面体生长区发黄绿色光，分布于晶体四个角顶，对称分布，呈十字交叉状；立方体生长区发黄色光，位于晶体中心（即八面体区十字交叉点）呈正方形；菱形十二面体生长区位于相邻八面体与立方体生长区之间，呈蓝色的长方形。
生长纹荧光特征	天然钻石的生长纹不发育，如果出现的话，通常表现为长方形或规则的环状（极少数情况下，生长纹非常复杂）。	HPHT 合成钻石生长纹发育，但生长纹的特征因生长区而异；八面体生长区通常发育平直的生长纹，并可有褐红色针状包裹体伴生(仅在阴极发光下可见)；立方体生长区没有生长纹，但有时见黑十字包裹体；四角三八面体生长区边部发育平直生长纹。

2.CVD 合成钻石的鉴别

近几年来，CVD 合成钻石取得重大突破，高品质、大颗粒 CVD 合成钻石将引导消费主流。市场上还可见 CVD 外延生长法钻石，即利用化学气相沉淀法（CVD 法）在钻石表层生长钻石膜，这种方法生长无色膜，可以增加钻石重量，生长有色膜还可改变颜色（图 242）。

CVD 合成钻石的鉴别可从结晶习性、内含物、异常消光现象、色带等几个方面进行鉴别。

（1）肉眼鉴别

a）颜色

CVD 合成钻石多为暗褐色和浅褐色，大部分褐色样品经过高压处理可以变白，也可以合成近无色和各种颜色的产品（图 243）。

b）结晶习性

结晶习性：

CVD 合成钻石呈板状晶体，该类合成钻石多由｜111｜｜100｜｜110｜等单形组成的聚形（图 244 ~ 图 245）。

晶体表面常发育阶梯或波纹状生长纹理等微表面形貌特征（图 246 ~ 图 247）。

天然钻石常呈八面体晶形或菱形十二面体及其聚形，晶面有溶蚀现象。

（2）宝石实验室常规仪器鉴别

a）光性

CVD 合成钻石有强烈的异常消光现象，不同方向上的消光现象也有所不同（图 248）。

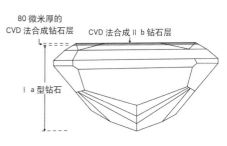

图 242　CVD 外延生长法钻石

图 243　CVD 合成钻石晶体

图 244　CVD 合成钻晶体

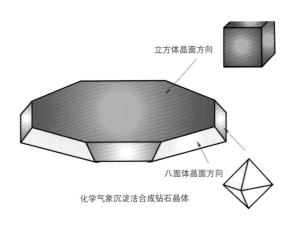

图 245　CVD 合成钻石晶体聚形分解素描图

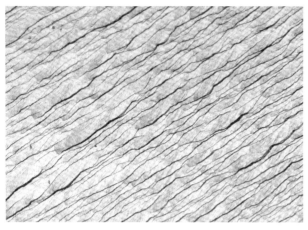

图 246　CVD 合成钻石晶体晶面花纹

图 247　CVD 合成钻石晶体晶面花纹

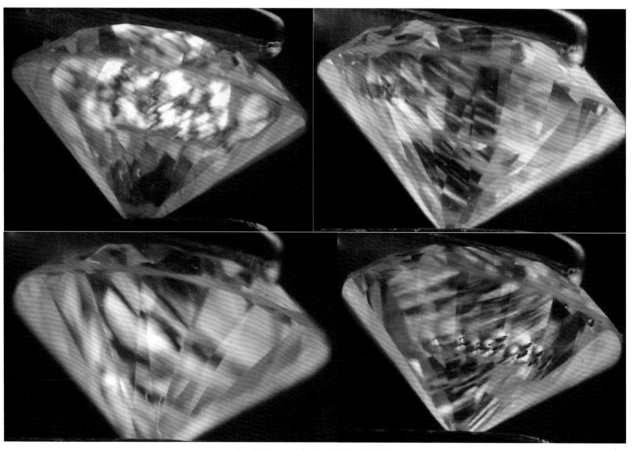

图 248　CVD 钻石的异常消光现象

b）吸收光谱

绝大多数 CVD 合成无色钻石（ Ⅱa 型）可见 737nm［Si-Ⅴ］特征峰（室温或液氮条件下），经过 HPHT 处理后容易出现 270nm 附近弱吸收峰（图 249）。

c）内含物特征

白色云雾状、黑色包裹体，一般内部较为干净，可

达到 VS 或 VVS 级（图 250～图 251）。

d）发光性

在长短波紫外线的照射下，CVD 合成钻石多发淡黄色、橙黄色、黄绿色强弱不等的荧光。在 Diamond View 下部分 CVD 合成钻石发磷光，并且特征的层状生长纹理（图 252）。此外还可根据红外光谱、光致发光光谱等方法进行鉴别。

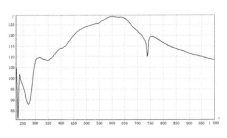

图 249　CVD 合成钻石的吸收光谱[18]

图 250　CVD 合成钻石中的深色包裹体

图 251　CVD 合成钻石中的晶体包裹体

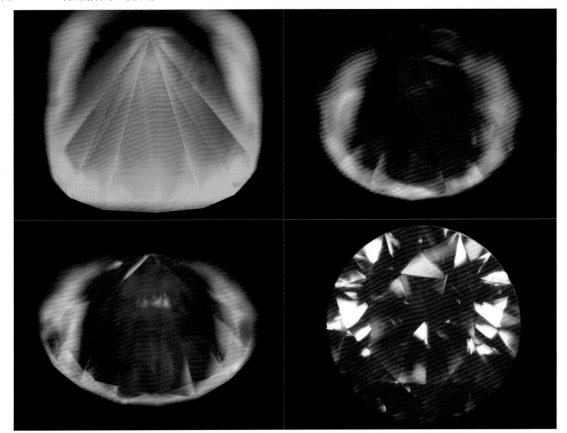

图 252　CVD 合成钻石 Diamond View 下荧光颜色及生长纹理

三、拼合处理钻石的鉴别

拼合钻石是由钻石（作为顶层）与廉价的水晶或合成无色蓝宝石等（作为底层）黏合而成，黏合技术非常高，可将其镶嵌在首饰上，将黏合缝隐藏起来，使人不容易发现（图253）。

在这种宝石台面上放置一个小针尖，就会看到两个反射像，一个来自台面，另一个来自接合面，而天然钻石不会出现这种现象。仔细观察，无论什么方向，天然钻石都因其反光闪烁，不可能被透过。而钻石拼合石就不同，因为其下部分是折射率较低的矿物，拼合石的反光能力差，有时光还可透过（图254）。

图 253 拼合钻石　　　　　　图 254 拼合钻石的拼合特征

四、人工宝石定名规则

根据《GB/T 16552-2017 珠宝玉石 名称》国家标准规定（图255），对人工宝石定义分类定名规则做如下要求。

1. 人工宝石定义及分类

人工宝石是指完全或部分由人工生产或制造用作首饰及饰品的材料（单纯的金属材料除外），分为合成宝石、人造宝石、拼合宝石和再造宝石，具体见表12。

2. 人工宝石定名规则

合成宝石应在对应的天然珠宝玉石名称前加"合成"二字。不应使用生产厂、制造商的名称直接定名，如："查塔姆（Chatham）祖母绿""林德（Linde）祖母绿"。不应使用易混淆或含混不清的名称定名，如："鲁宾石""红刚玉""合成品"。不应使用合成方法直接

图 255 《GB/T 16552-2017 珠宝玉石 名称》封面

定名，如"CVD 钻石""HPHT 钻石"。再生宝石应在对应的天然珠宝玉石基本名称前加"合成"或"再生"二字。如无色天然水晶表面再生长绿色合成水晶薄层，应定名为"合成水晶"或"再生水晶"。

人造宝石应在材料名称前加"人造"二字，"玻璃""塑料"除外。不应使用生产厂、制造商的名称直接定名。不应使用易混淆或含混不清的名词定名，如："奥地利钻石"。不应使用生产方法直接定名。

拼合宝石应在组成材料名称之后加"拼合石"三字或在其前加"拼合"二字。可逐层写出组成材料名称，如："蓝宝石、合成蓝宝石拼合石"。可只写出主要材料名称，如"蓝宝石拼合石"或"拼合蓝宝石"。

再造宝石应在所组成天然珠宝玉石基本名称前加"再造"二字。如："再造琥珀""再造绿松石"。

表 12 人工宝石分类表

分类	分类	定义	宝石实例
人工宝石	合成宝石	完全或部分由人工制造且自然界有已知对应物的晶质体、非晶质体或集合体，其物理性质、化学成分和晶体结构与所对应的天然珠宝玉石基本相同。再珠宝、玉石表面人工在生长与原材料成分结构基本相同的薄层，此类宝石也属于合成宝石，又称再生宝石（Synthetic Gemstone Over Growth）。	合成钻石、合成立方氧化锆等
	人造宝石	由人工制造且自然界无已知对应物的晶质、非晶质体或集合体。	人造钇铝榴石等
	拼合宝石	由两块或两块以上材料经人工拼合而成，且给人以整体印象的珠宝玉石。	拼合欧泊等
	再造宝石	通过人工手段将天然珠宝玉石的碎块或碎屑熔接或压结成整体外观的珠宝玉石，可辅加胶结构值。	再造琥珀等

● 课后阅读 3：合成钻石发展历史

第三节　钻石与优化处理钻石的鉴别

钻石由于珍贵、稀有，远远不能满足人类的需要，因此人们一方面进行人工合成钻石的研究，另一方面千方百计地进行优化处理钻石的研究，目前优化处理钻石的方法按照其目的可分为两大类：一类是以改善颜色为目的的辐照处理、高温高压处理和表面处理，一类是以提升净度为目的的裂隙充填处理、激光处理及其复合型处理。

相对而言净度改善的钻石鉴定相对简单，一般常规实验仪器或手段都能有效解决。尤其放大观察在鉴定中作用比较大，还可以附带一些大型仪器综合鉴定。颜色改善的钻石鉴定比较复杂，常规检测手段比较有限，一般需要结合大型仪器谱学特征进行鉴定。但检测思路还是可以遵循肉眼观察——放大观察——常规检测——大型仪器检测的流程。

一、改善颜色钻石的常见方法及鉴别

1. 辐照处理钻石基本性质及鉴别

辐照处理是利用辐照产生不同的色心，从而改变钻石的颜色，辐照钻石几乎可以呈任何颜色。如用中子进行辐射，褐色钻石可改变为美丽的天蓝色、绿色等（图256）。值得注意的是这种辐射改色方法只适用于有色而且颜色不理想的钻石。辅照改色钻石的鉴定可从以下三方面进行：

（1）颜色分布特征

天然致色的彩色钻石，其色带为直线状或三角形状，色带与晶面平行。而人工辐照改色钻石颜色仅限于刻面宝石的表面，其色带分布位置及形状与琢形及辐照方向有关。当来自回旋加速器的亚原子粒子，从亭部方向对圆多面型钻石进行轰击时，透过台面可以看到辐照形成的颜色呈伞状围绕亭部分布（图257～图258）。在上述条件下，阶梯形琢形的钻石仅能显示出靠近底尖的长方形色带。当轰击来自钻石的冠部时，则琢型钻石的腰棱处将显示一深色色环。当轰击来自钻石琢形侧面时，则琢型靠近轰击源一侧颜色明显加深。

（2）吸收光谱

原本含氮的无色钻石经辐照和加热处理后可产生黄色。这类钻石有595nm吸收谱线，但是样品在辐照后再次加热的过程中，随着温度的不断上升，595nm吸收线将消失（图259）。

（3）导电性

天然蓝色钻石由于含微量元素B而具有导电性，而辐照处理的蓝色钻石则不具导电性。

图 256　辐照处理钻石

图 257　辐照处理钻石的伞状效应

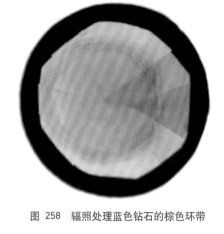

图 258　辐照处理蓝色钻石的棕色环带

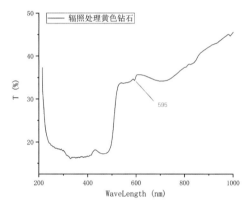

图 259　辐照处理钻石外观（左）辐照处理钻石 595nm 吸收线（Gem-3000 测试结果）（右）

2.高温高压处理钻石性质及鉴别

正交偏光镜的消光特征、Diamond View 的荧光特征、光致发光（Photoluminescence, 简称 PL）光谱是检测高温高压处理钻石的有效手段。

（1）GE 钻石

高温高压处理Ⅱ型钻石的主要品牌有 GE-POL、Bellataire、Pegasus 或 Monarch 等，这些品牌都会在钻石腰棱用激光刻字，表明这些钻石是经过高温高压处理的（图 260～图 261）。而这其中较为出名的是 GE 钻石。

GE 钻石为一种新的颜色优化处理的方法。1998年，美国通用电器公司（General Electric Company，简称 GE）采用高温高压（HPHT）的方法将比较少见的Ⅱa 型褐色的钻石（其数量不到世界钻石总量的1%）处理成无色或近无色的钻石，偶尔可出现淡粉色或淡蓝色，该类型又被称为高温高压修复型。1999年，General Electric Company（GE）和 Lazare Kaplan International(LKI)联合将高温高压钻石推入宝石市场，最初销售这类钻石销售的名字为 "GE POL," 后更改为 "Bellataire"（图 262～图 263）。

这些高净度的褐色—灰色钻石，经过处理后的颜色大都在 D 到 G 的范围内，但稍具雾状外观，带褐或灰色调而不是黄色调。GE 钻石在高倍放大下可见内部纹理：羽状纹，并伴有反光，裂隙常出露到钻石表面、部分愈合裂隙、解理以及形状异常的包裹体。一些经处理的钻石还在正交偏光下显示异常明显的应变消光效应。

图 260　高温高压处理钻石腰围字印

图 261　被磨去部分的高温高压处理钻石腰围字印

图 262　GE 钻石的腰围字印 GE-POL

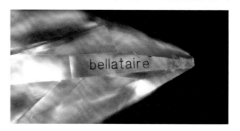

图 263　GE 钻石的腰围字印 Bellataire

（2）Nova 钻石

Nova 钻石是另外一种新的颜色优化处理的方法。1999 年美国诺瓦公司（Nova Diamond. Inc）采用高温高压（HPHT）的方法将常见的 Ia 型褐色钻石处理成鲜艳的黄色—绿色钻石，该类型钻石又被称为高温高压增强型或诺瓦（Nova）钻石。

该类型钻石发生强的塑性变形，异常消光现象强烈，显示没有分区的强黄绿色荧光并伴有白垩状荧光。实验室内通过大型仪器的谱学特征研究，可把 Nova 钻石和天然钻石区分开。这些钻石刻有 Nova 钻石的标识，并附有唯一的序号和证书。

3. 表面处理钻石方法及鉴别

表面处理主要是指覆膜处理，覆膜处理是一种古老的钻石改色技术，为了改善钻石的颜色，在钻石表面涂上薄薄一层带蓝色的、折射率很高的物质，这样可使钻石颜色提高 1~2 个级别，更有甚者，在钻石表面涂上墨水、油彩、指甲油等，以便提高钻石颜色的级别，也有的在钻戒底托上加上金属片衬底，增强反射光。这些方法很原始，也极易鉴别。

二、改善净度钻石的常见方法及鉴别

1. 裂隙充填处理钻石基本性质及鉴别

对有开放裂隙的钻石，进行充填处理，可改善其净度及透明度。第一个商业性的钻石裂隙充填处理出现在 20 世纪 80 年代，由以色列 Ramat Zvi Yehuda 生产，商界称其为吉田法；20 世纪 90 年代初，以色列的 Koss Shechter 钻石有限公司生产了类似的产品，商界称其为高斯法，它是在钻石的裂缝中充填了透明材料；另外在纽约也产生了奥德法（Goldman Oved）的裂隙充填钻石，并在处理后钻石的一个冠状主刻面上留有印记（图 264）。充填物一般为高折射率的玻璃或环氧树脂。钻石经过裂隙充填可提高视净度。对经过裂隙充填的钻石，最新的《GB/T 16554-2017 钻石分级》国家标准规定，不对其进行分级。

闪光效应是裂隙充填钻石重要特征，观察闪光效应需要在显微镜翻转下对宝石裂隙进行观察，充填裂隙的闪光颜色可随样品的转动而变化。总体来说，暗域照明下裂隙上如果出现大面积橙黄色、紫红色、粉色或粉橙色裂隙，亮域照明下裂隙上如果大面积出现蓝绿色、绿色、绿黄色或黄色，则可判定为闪光效应（图 265）。

钻石体色将影响闪光效应的观察，无色—浅黄色体色的钻石，闪光效应一般较明显。当闪光效应的颜色色调与钻石体色不同时，观察变得较容易，如黄色钻石中的蓝色闪光效应。相反钻石体色与闪光效应的色调相同或相近时，观察较困难。如深黄色至棕色的钻石，具有橙色闪光效应，粉色钻石可以见到粉色至紫色的闪光效应。

图 264　奥德法 (Goldman Oved) 公司印记

2. 激光处理钻石性质及鉴别

（1）传统的激光打孔处理技术

传统的外部激光打孔处理技术在 20 世纪 60 年代被引入。当钻石中含有固态包裹体，特别是有色和黑色包裹体时，会大大影响钻石的净度。根据钻石的可燃烧性，人们可以利用激光技术在高温下对钻石进行激光打孔，然后用化学药品沿孔道灌入，将钻石中的有色包裹体溶解清除，并充填玻璃或其他无色透明的物质（图 266 ~ 图 267）。激光打孔处理的钻石，由于在钻石表面留下永久性的激光孔眼，而且因为充填物质硬度与钻石不相同，往往会形成难以观察的凹坑，但对有经验的钻石专家来说，只要认真仔细观察钻石的表面，鉴别它并非很困难的事情。

图 265　钻石的闪光效应

近年来，该技术已取得重大进展，激光孔直径仅 0.015mm，这意味着专家观察时有可能漏掉激光孔。

（2）"KM"内部激光打孔方法

KM 处理方法在 2000 年被引入，KM（Kiduah Meyuhad）是西伯来语"特别打孔"的意思，有两种处理方法。

A. 破裂法(裂化技术)：低质量的钻石有明显的近表面包裹体，并伴有裂隙或裂纹，激光将包裹体加热，产生足够的应力，以使伴生的裂隙延至钻石表面，这种次生裂隙看起来与天然裂隙相似。但这种处理方法掌握不好容易使钻石破裂。

图 266　激光打孔钻石

B. 缝合法（裂隙连接技术）：采用新的激光孔可将钻石内部的天然裂纹与表面的裂隙连接起来，在钻石的表面产生平行的外部孔，看起来像天然裂纹。然后通过裂隙对钻石内部的包裹体进行处理。

KM 处理的钻石中，可见蜈蚣状包裹体出露到钻石表面，呈不自然状弯曲的裂隙，在垂直包裹体两侧伸出很多裂隙；在激光处理

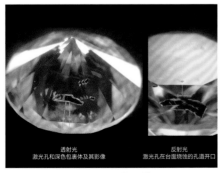

透射光　　　　　　　　　　反射光
激光孔和深色包裹体及其影像　　激光孔在台面烧蚀的孔道开口

图 267　激光打孔钻石

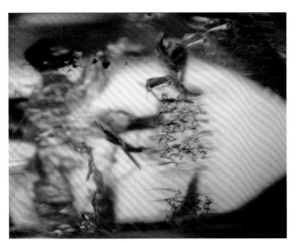

图 268　KM 处理典型特征（Photo：Eric Erel）

图 269　未知新型激光处理方法

的连续裂隙中有未被完全处理掉的零星黑色残留物，这是 KM 处理钻石的典型特征（图 268）。

（3）未知的新型激光打孔处理

该种方法利用一条激光孔道同时处理掉几个包裹体（图 269），还可采用激光来回切削方法，孔道如同天然侵蚀，令人以为是一条通达包裹体的天然通道。另外还有进行切面处理方式，令人以为是钻石天然裂隙而难以区分。

三、优化处理宝石定名规则

根据《GB/T 16553-2017 珠宝玉石 名称》国家标准规定，对优化处理定义分类及定名规则做如下要求。

1. 优化处理定义及分类

除切磨和抛光以外，用于改善珠宝玉石的颜色、净度、透明度、光泽或特殊光学效应等外观及耐久性或可用性的所有方法。分为优化和处理两类。

优化是指传统的、被人们广泛接受的、能使珠宝玉石潜在的美显现出来的优化处理方法。

处理是指非传统的、尚不被人们广泛接受的优化处理方法。

2. 优化处理宝石定名规则

（1）优化珠宝玉石定名规则

直接使用珠宝玉石名称，可查阅最新发布的相关质量文件中，附注说明具体优化方法，可描述优化程度。如"经充填"或"经轻微/中度充填"。

（2）处理珠宝玉石定名规则

处理在珠宝玉石基本名称处注明，有三种情况。第一，名称前加具体处理方法，如：覆膜处理钻石、充填处理钻石；第二，名称后加括号注明处理方法，如：钻石（激光打孔）、钻石（高温高压处理）；第三，名称后加括号注明"处理"二字，应尽量在相关质量文件中附注说明具体处理方法，如：钻石（处理）。

不能确定是否经过处理的珠宝玉石，在名称中可不予表示。但应在相关质量文件中附注说明"可能经××处理"或"未能确定是否经××处理"或"××成因未定"。例如可能经辐照处理。

经多种方法处理或不能确定具体处理方法的珠宝玉石按以上第一或第二进行定名。也可在相关质量文件中附注说明"××经人工处理"，如：钻石（处理），附注说明"钻石颜色经人工处理"。

经处理的人工宝石可直接使用人工宝石基本名称定名。

第四节　钻石真伪鉴别鉴定证书设计

通过对送检样品的真伪检测，判定出样品中的钻石仿制品、合成钻石或优化处理钻石，根据客户要求，须出具钻石真伪鉴别证书，即宝玉石鉴定证书（图270～图271）。

根据《GB/T 16553—2017 珠宝玉石 鉴定》国家标准规定，宝玉石鉴定证书具有相应的鉴定项目与遵循科学、严谨的选择原则。

图 270　宝玉石鉴定证书

一、宝石证书鉴定项目种类

宝石证书鉴定项目见表13。

二、鉴定项目的选择原则

鉴定项目中（1）～（11）为珠宝玉石检测过程中需要鉴定的项目。综合判断各鉴定项目都结果，以确保鉴定结论的准确性和唯一性。

鉴定项目中（12）～（17）不是珠宝玉石检测过程中必须鉴定的项目，但在无法获得足够的鉴定依据时，须采用这些鉴定方法来确定。

因样品条件不符，无法检测时，某些鉴定项目可不测。但其他鉴定项目所测结果的综合证据，应足以证明所得鉴定结论的准确性。

图 271　宝玉石鉴定证书

表 13　宝石证书鉴定项目种类

检测项目分类		检测项目						
需要检测项目	肉眼检测项目	（1）外观描述（颜色、形状、光泽、解理等至少两项）	（2）质量或总质量					
	宝石实验室检测项目	（3）放大检查	（4）密度	（5）光性特征	（6）多色性	（7）折射率	（8）双折射率	（9）荧光观察
	宝石现代测试设备检测项目	（10）红外光谱	（11）紫外可见光谱					
选测项目	选测项目	（12）摩氏硬度（必要时）	（13）拉曼光谱（必要时）	（14）发光光谱（必要时）	（15）成分分析（必要时）	（16）发光图像（必要时）	（17）特殊光学效应和特殊性质（必要时）	

第二章　钻石 "4C" 分级

　　钻石品质分级体系随着钻石贸易而产生、发展并不断健全的。数百年来，钻石分级体系的标准从无到有，从杂乱无章到自成体系，大大促进了钻石贸易的国际化、规范化。完整的系统化钻石品质分级体系标准出现于 20 世纪 50 年代，由美国宝石学院创始人之一的李·迪克先生（Richard T Liddicoat，1918-2003 年）提出。分级体系主要以颜色（Color）、净度（Clarity）、切工（Cut）和克拉重量（Carat）4 个要素作为评价对象，对钻石进行综合全面的品质评价，从而为确定钻石的价值提供参考依据。由于 4 个分级要素的英文均以 C 开头，所以简称为钻石 "4C" 分级。要进行钻石 "4C" 分级，就要求检测机构必须具备相应的分级软硬件条件，同时分级人员应该具有非常高的综合素质和分级能力（图 272）。

　　目前钻石品质分级内容主要集中在四个方面：

1、钻石颜色分级；

2、钻石净度分级；

3、钻石切工分级；

4、钻石克拉重量。

结合 4C 分级的目的，本章有针对性设置以下几节，以达到有效判定钻石品质高低目的。设置的具体章节如下：

第一节：钻石颜色分级；

第二节：钻石净度分级；

第三节：钻石切工分级；

第四节：钻石克拉重量；

第五节：钻石 "4C" 分级证书设计。

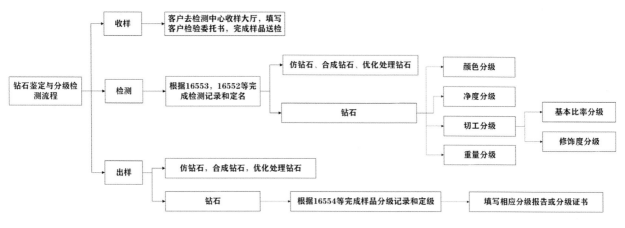

图 272　钻石 "4C" 分级任务分解图

第一节 钻石颜色分级

钻石的颜色分级是人们在长期的实践当中为了满足钻石贸易的需要而不断摸索总结建立起来的。划分规则及划分方法到目前为止，仅适用无色至浅黄色系列（又称为Cape系列）的钻石，不适用于彩色钻石。

彩色钻石，也称花色钻石或异彩钻，最稀有的颜色是红色，然后依次为绿、蓝、紫和棕褐等颜色，由于极其稀少，且在实际操作存在一些技术难题，至今未有成熟的分级规则。也正是由于其稀少，故在价值上也较昂贵，特别是那些色调鲜艳，饱和度较高的彩色钻石，更是价值连城。

对钻石色级进行系统的评价开始于19世纪中叶。直到20世纪50年代之前，钻石颜色描述术语绝大部分是与矿产地有关的名词，但是作为专门描述钻石颜色的术语，它们不具有产地意义。

20世纪50年代，美国宝石学院对钻石的色级做了划分，并采用了新的术语，把颜色从无色到浅黄色分成了23个级别，并分别用英文字母D到Z——给予标定。由于美国在二战后成为世界最大的钻石市场，也由于美国宝石学院（GIA）的努力推广，世界上最大的钻石集团——戴比尔斯矿业有限公司（De Beers）的中央统售机构（CSO），采用了美国宝石学院的钻石分级标准，使该颜色分级方法在钻石业界广为流传。

图 273 《GB/T 18303—2008 钻石色级目测评价法》

在欧洲，20世纪70年代前后，对钻石的"4C"分级的研究和标准的设立也有了新的进展。但欧洲诸国的色级保留了较多的传统色级体系的内容，只对以地名为主的旧术语进行了更新，采用了更便于理解的术语，如Exceptional White（极白）等，以作为色级的术语，同时基本上保留了传统色级的划分方法，只做了少量的修改。

中国于2008年5月26日发布《GB/T 18303—2008 钻石色级目测评价法》，代替《GB/T 18303—2001钻石色级比色目测评价方法》。该标准对抛光的Cape系列钻石采用目视评价方法进行钻石颜色分级时，规定了基本的要求和操作规则（图273）。

2017年10月14日发布了我国首个彩色钻石分级标准《GB/T 34543-2017 黄色钻石分级》，并与2018年5月1日正式实施。标准规定了天然的未经优化处理的未镶嵌抛光黄色钻石的分级规则，适用于未镶嵌抛光黄色钻石的分级，镶嵌抛光黄色钻石的分级可参照本标准执行。为其他色系的钻石建立分级标准起到很好的带头示范作用（图274）。

图 274 《GB/T 34543—2017 黄色钻石分级》

一、钻石颜色分级定义

采用比色法，在规定的标准环境条件下（图275），对镶嵌和未镶嵌钻石的颜色进行等级划分。其依据镶嵌和未镶嵌钻石颜色（黄色调、亮度、饱和度）的变化规律，人为地划分出一系列从无色—浅黄色调递增的等级（图276）。

二、钻石颜色分级条件

1. 标准的比色光源

这指用于钻石比色的，并对照度、色温、显色指数具标准要求的光源（图277）。具体规定如下：

（1）色温（Kelvin）：5500～7200K；

（2）照度（Luminance）：1200～2000 lx；

（3）显色指数（Color Render Index）：Ra ≥ 75；

（4）荧光（Fluorescence）：光源产生的光线不能含有紫外线。

此外它还要求比色光源光谱连续分布，能量均匀，发热少，光线柔和。

如果没有标准的人造光源，也可在良好的日光下进行比色，但不可以在太阳光直射下看钻石的颜色，通常在北半球采用来自北面的光线，在南半球则用来自南面的光。

2. 标准的比色石

比色石是一套已标定颜色级别的标准圆钻型切工钻石样品。它依次代表由高至低连续的颜色级别，其级别可以溯源至钻石颜色分级比色石相应标准的样品，可用于实验室或商业中评估钻石色级的比对（图278）。

图 275　钻石颜色分级工具

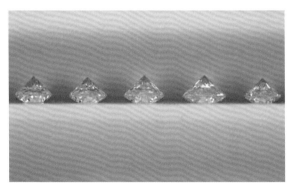

图 276　无色－浅黄色系列钻石

图 277　标准的比色光源

图 278　标准的比色石

（1）比色石要求

a）**切工**：标准圆钻型切工，切工比率级别 VG 或 VG 以上级别，腰部状况为刻面型腰。

b）**重量**：每粒重量 ≥ 0.30 ct，整套比色石的质量大小大致相等，同一套比色石质量误差不能超过 ±0.10 ct。

c）**净度级别**：SI_1 或 SI_1 级以上，不含色带及有色矿物包裹体。

d）**颜色**：颜色必须进行严格的色级标定，所有比色石的颜色都应当位于其所代表的色级上限点或下限，依次代表由高到低的连续色级，除黄色调外，不带有任何其他杂色调（灰、青、褐）。

e）**荧光**：在长波（LW）紫外灯下，无荧光或弱荧光。

（2）比色石数量

美国宝石学院（GIA）实验室里保存着一套完整的钻石比色石，D—Z 色，共 23 粒；国际钻石委员会（IDC）确定的颜色标准比色石，一套共 7 粒，另外还有 3 粒荧光对比石。比利时钻石高层议会（HRD）的标准比色石为 9 粒（D—L）（图 279）；我国的标准比色石有 11 粒（D—N）（图 280），另有 3 粒荧光对比石。

应当特别指明的是，合成立方氧化锆（CZ）不能作比色石，因为它的白色——黄色调与同种颜色钻石的感觉不同，发"苍白"色。CZ 的色散值较钻石高，过强的火彩也会影响颜色的感觉，而且 CZ 的颜色不稳定，会随着时间的变化而变化。

（3）比色石类型

钻石比色定级时，每个色级代表一个颜色区间范围，如（图 281）所示，H 色代表颜色从 H_1 到 H_2 变化区间范围，而在这个区间内有两个界限点，近无色的上限点为 H_1，近黄色的下限点为 H_2。在选取标准比色石时，每一个色级只能选取一颗比色石作为这个颜色区间的代表。因此，根据比色石取点位置的不同可以将比色石分为两种类型，即上限比色石和下限比色石。如图 282 中所示，选取上限点 H_1 作为标准比色石点代表整个 H 色区间，则这种类型比色石为上限比色石（图 283），反之，如果选取下限点 H_2 作为标准比色石点代表整个 H 色区间，则这种类型比色石为下限比色石（图 284）。

不同类型的比色石，使用时要注意其色级的判别规则（图 285），当确定待测钻石的颜色介于两相邻的比色石之间时：

位于色级上限的比色石，被测钻石与其左边，即色级较高的比色石同一色级。

位于色级下限的比色石，被测钻石与其右边，即色级较低的比色石同一色级。

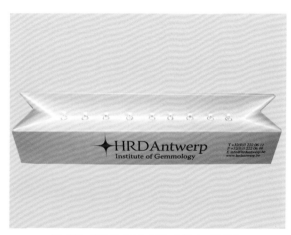

图 279　HRD 比色石（不包含荧光对比石）

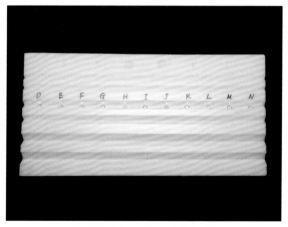

图 280　中国比色石（不包含荧光对比石）

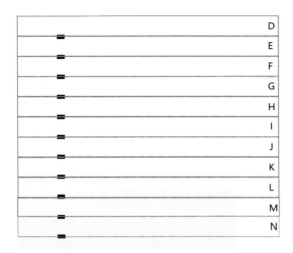

图 281 每个字母代表的颜色级别为一个颜色变化区间范围

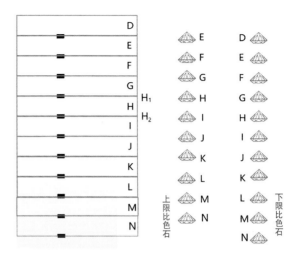

图 282 上限比色石和下限比色石划分依据

图 283 上限比色石

图 284 下限比色石

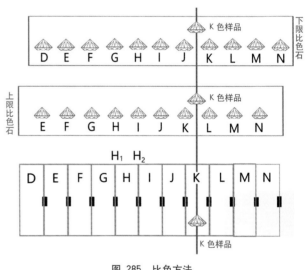

图 285 比色方法

3. 标准的比色环境

（1）颜色

　　工作区域要求是中性色，即白色、黑色或者灰色，除此之外最好不要有其他杂色调。包括房间内桌椅、墙壁、地面、窗帘，工作人员的着装、眼镜的颜色甚至肤色都会对颜色分级产生影响。

（2）光线

　　工作区域应避免除分级用标准光源以外的其他光线的照射，暗室或半暗的实验室是理想的颜色分级环境。

（3）其他要求

　　工作区域还应该干净、整洁、安静、安全，以便分级人员能够专心致志地开展工作。

4. 训练有素的分级人员

颜色分级人员要求为颜色视觉正常，受过专门技能培训的专业人员，年龄在 20-50 岁为宜。比色时要由两名或以上技术人员独立完成同一钻石的颜色分级，并取得统一的结果。

5. 标准的辅助工具

包括比色板或比色卡纸、10× 放大镜、钻石镊子、擦钻布及清洗剂等辅助工具要符合颜色分级标准要求。尤其是比色板或比色卡纸要求由无光泽、无荧光、白度（CIE 白度公式）大于 95 的白色纸基或塑料制成有一定角度的 V 形槽板。

三、钻石颜色分级方法

1. 比色法

比色法是利用比色石与待分级钻石样品目测比对的方法对钻石颜色进行等级划分。心理学家认为，颜色是无法准确记忆的，所以该方法虽然是传统的，但却是目前最有效、国际最通用的颜色分级方法（图 286）。

2. 仪器测试法

利用仪器进行颜色测试,如色度仪,分光光度计等。目前德国、以色列、美国等国家都在相继研制和开发此类仪器，并有样机问世。它能排除比色法存在的人为误差，但影响颜色的客观因素很多，尤其是带有荧光的钻石样品，其结果很难体现钻石样品的实际颜色，而且比色仪器价格昂贵，目前还没有被大量投入使用（图 287）。

图 286　目测比色法

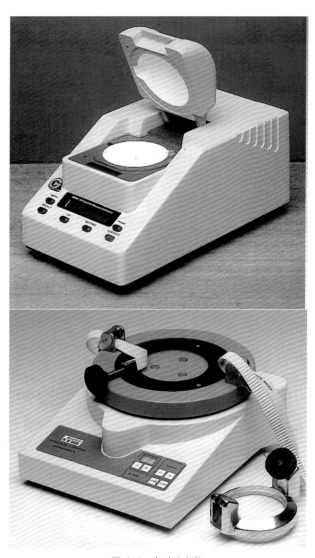

图 287　自动比色仪

四、钻石颜色级别及划分原则

1. 比色石颜色级别

国家标准按钻石颜色变化划分为 12 个连续的颜色级别，用字母或数字表示（表 14）。

表 14 国际与中国钻石颜色级别对照表

GIA		CIBJO / IDC	中 国			旧术语
无色	D	Exceptional White +（极白+）	D	100	极白	River
	E	Exceptional White（极白）	E	99		
	F	Rare White +（优白+）	F	98	优白	Top Wesselton
	G	Rare White（优白）	G	97		
近无色	H	White（白）	H	96	白	Wesselton
	I	Slightly Tinted White（微黄白）	I	95	微黄白	Top Crystal
	J		J	94		Crystal
微黄	K	Tinted White（浅黄白）	K	93	浅黄白	Top Cape
	L		L	92		
	M		M	91	浅黄	Cape
	N		N	90		Low Cape
淡浅黄	O	Tinted Colour（浅黄）	<N	<90	黄	Very Light Yellow
	P					
	Q					
	R					
浅黄	S~Z					

上述各颜色级别都是由比色石来标定的。在这些色级中，H 色和 K 色是两个比较重要的级别：H 色是无色与微黄色的分界点，即 H 以上色级是不含任何黄色调，H 以下色级带有不同浓淡的黄色调，而 H 色本身可带似有似无的黄色调；K 色是微黄色调与浅黄色调的分界点，即 K 到 H 之间的色级带有轻微黄色调，K 以下色级带有较明显浅黄色调。

2. 比色法颜色划分规则

（1）待分钻石与某一比色石颜色相同，则该比色石的颜色级别就是待分钻石的颜色级别（图288）。

（2）待分钻石颜色介于相邻两粒比色石之间，其中较低级别的比色石的颜色级别则为该钻石的颜色级别（图289）。

（3）待分钻石的颜色高于比色石的最高级别，仍用最高级别表示该钻石的颜色，即为D色（图290）。

（4）待分级钻石低于"N"比色石，则用"<N"表示该钻石颜色级别（图291）。

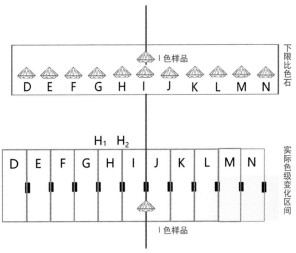

图 288 待分钻石与比色石颜色级别相同时，钻石的颜色级别

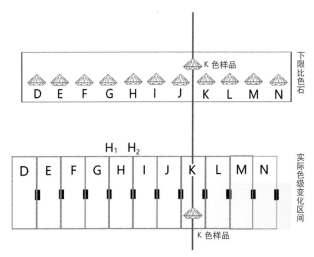

图 289 待分钻石颜色介于相邻两粒比色石之间时，钻石的颜色级别

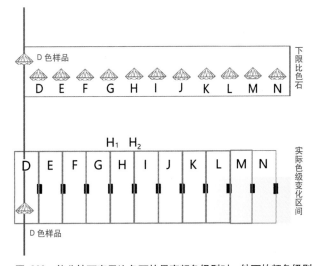

图 290 待分钻石高于比色石的最高颜色级别时，钻石的颜色级别

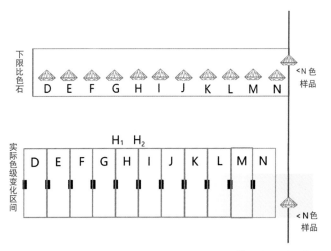

图 291 待分钻石低于比色石的最低颜色级别时，钻石的颜色级别

五、钻石颜色分级流程

1. 裸钻颜色分级流程（图 292）

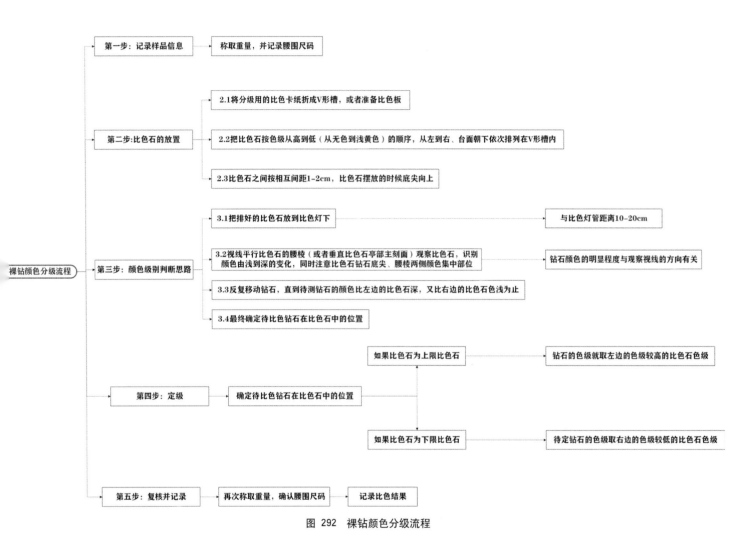

图 292 　裸钻颜色分级流程

（1）颜色分级操作流程

　　步骤一： 将分级用的比色卡纸折成 V 形槽，或者用比色板把比色石按色级从高到低（从无色—浅黄色）的顺序，从左到右、台面朝下依次排列在 V 形槽内。比色石之间按相互间距 1-2cm，不要靠得太近，以免颜色相互影响（图 293）。

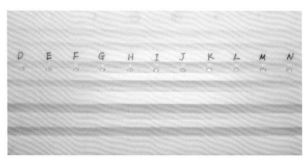

图 293 　比色石理想间距

步骤二：把排好的比色石放到比色灯下，与比色灯管距离 10 ～ 20cm（图 294），视线平行比色石的腰棱（或者垂直比色石亭部主刻面）观察比色石，识别颜色由浅到深的变化，同时注意比色石颜色集中部位（图 295）。

钻石底尖、腰棱两侧都是颜色集中的位置。钻石颜色的明显程度还与观察视线的方向有关。平行腰棱的视线，会看到更多的颜色集中区，而垂直亭部主刻面的视线，看到的颜色集中区域较小，这时以亭部中央不带反光的透明区域作为比色部位（图 296）。

步骤三：把待分级的钻石放在两颗比色石（比如 E 和 F）之间，并与左右两边的比色石进行比较，如果待测钻石的颜色不仅比左边的比色石深，而且也比右边的色级较低的比色石深，则把钻石向右（向下）移动一格，放到 F 和 G 之间，再进行比较，直到待测钻石的颜色比左边的比色石深，又比右边的比色石色浅为止。

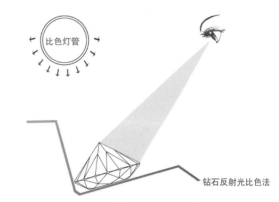

图 294　反射光比色法中钻石、光源、视线三者之间的角度

图 295　反射光比色法观察比色石姿势

1、侧面红圈内三个颜色较浓部位同时观察
2、侧面蓝圈两个颜色较浅部分同时观察

垂直台面颜色整体观察

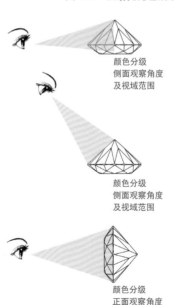

颜色分级
侧面观察角度
及视域范围

颜色分级
侧面观察角度
及视域范围

颜色分级
正面观察角度
及视域范围

图 296　反射光比色法观察比色石位置

步骤四： 观察时，钻石刻面反射出的耀眼的光会影响对颜色的观察和比较。如果小心地前后移动盛有钻石和比色石的白纸槽，或者稍稍改变白纸槽的倾斜度，在某些位置可能看不到耀眼的反射光，保持在这种位置上进行观察和比较（图 297 ~ 图 298）。另一种消除反光的方法是对钻石和比色石呵气。呵气会在钻石表面形成薄薄的一层水雾，当水雾散去之前的一瞬间，钻石的反光不明显，体色显得最为清楚，抓住这一机会进行比色。

图 297 颜色分级时钻石较为理想的观察状态

步骤五： 判定钻石色级，当待测钻石比左边的比色石色深，又比右边的比色石色浅时，就找到了该钻石所属的色级。但它的色级究竟同于左边，还是右边比色石的色级，就要根据比色石设定原则来确定（图 299）。如果每粒比色石是代表每一色级的上限，即 GIA 体系的比色石，那么待测钻石的色级就取左边的色级较高的比色石色级。如果每粒比色石代表该色级下限，即 CIBJO 体系的比色石，那么待定钻石的色级取右边的色级较低的比色石色级。

图 298 颜色分级时钻石较为理想的观察状态

步骤六： 检查钻石，复称重量，确定其为原待分级的钻石样品，没有与比色石混淆。记录比色结果。

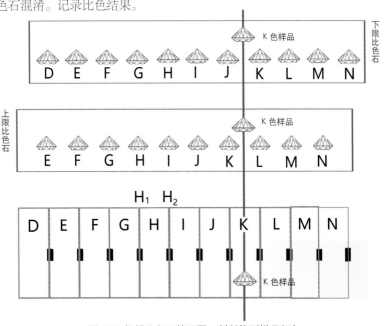

图 299 根据比色石的不同，判断待测样品颜色

（2）颜色色级判别流程

主要依据从钻石侧面、垂直台面及垂直亭部主刻面位置观察，尤其掌握钻石侧面颜色浓集区域划为比较重要（图300），最后结合比色石进行待测样品最终色级判定。

步骤一：钻石黄与不黄的判别

从亭部观察，用镊子在比色纸槽内左右拨动钻石，Ⅳ、Ⅴ、Ⅵ干净、清澈、透明，不见任何黄色调，Ⅰ、Ⅱ、Ⅲ转动到某个角度有时感觉有黄色调（图301），有时黄色调感觉不到(图302)，俗称似有似无的黄色调。H色为无色与浅黄色的分界点，判别要比较仔细，有时对于细微区域不好肉眼识别，可以采用放大观察确认。

步骤二：高亮白与白的判别

无色高色级钻石，Ⅰ、Ⅱ、Ⅲ、Ⅳ、Ⅴ、Ⅵ区都呈无色，不带任何黄色调。因此要着重对比Ⅰ、Ⅱ、Ⅲ、闪烁度、亮度，以及Ⅳ、Ⅴ、Ⅵ区干净、清澈、明亮程度，有时肉眼难以区分，需要用放大镜仔细识别。

高亮白的D-E色Ⅰ、Ⅱ、Ⅲ、Ⅳ、Ⅴ、Ⅵ区都呈无色，不带任何黄色调。Ⅰ、Ⅱ、Ⅲ区亮度火彩强，入眼非常容易通过闪烁区域看透钻石。Ⅳ、Ⅴ、Ⅵ区干净、清澈、透明，视线可以无任何阻碍通过。类似于干净透明冰块感觉，亮度非常好（图303）。

白的F-G色Ⅰ、Ⅱ、Ⅲ、Ⅳ、Ⅴ、Ⅵ区都呈无色，不带任何黄色调。Ⅰ、Ⅱ、Ⅲ区亮度火彩强，较容易通过闪烁区域看透钻石。Ⅳ、Ⅴ、Ⅵ区干净、清澈、透明，亮度有所降低，视线能看透整个钻石，但有点类似于冰块冻得不是非常好的感觉，内部有点模糊，亮度好（图304）。

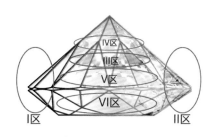 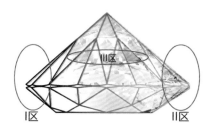 

图300 钻石侧面颜色浓集区域划分示意图　图301 Ⅳ、Ⅴ、Ⅵ干净、清澈、透明，不见任何黄色调　图302 H色级钻石

图303 D色级钻石（左）和E色级钻石（右）　图304 F色级钻石（左）和G色级钻石（右）

步骤三：微黄与浅黄的判别

微黄与浅黄色通过分界点 K 色的区分，K 色具体可以表现为 Ⅰ、Ⅱ、Ⅲ黄色调比较明显，三个区域火彩艳丽，肉眼可以看透这些区域，Ⅳ、Ⅴ、Ⅵ区呈现似有似无的黄色调，亭部整体观察可见明显黄色调，冠部观察黄色调不明显。（图 305）

微黄色I–J 色级，Ⅰ、Ⅱ、Ⅲ有黄色调，但不明显，三个区域火彩较艳丽，火彩光斑黄白掺杂，肉眼可以看透这些区域，Ⅳ、Ⅴ、Ⅵ区呈无黄色调，但亮度不强，透明略偏暗淡，冠部观察不可见黄色调（图 306～图 307）。

浅黄色L—<N 色钻石，Ⅰ、Ⅱ、Ⅲ黄色调浓艳，Ⅳ、Ⅴ、Ⅵ区也有轻微黄色调，并且冠部也能观察到轻微黄色调（图 308）。

步骤四：浅黄白与整体黄的判别

浅黄—白黄与整体黄分界点 M 色，整体肉眼观察可见黄色调，该色级及以下色级整体呈黄色调。Ⅰ、Ⅱ、Ⅲ黄色调浓艳，Ⅳ、Ⅴ、Ⅵ区也有轻微黄色调，并且冠部也能观察到轻微黄色调。浅黄白L 色，肉眼整体观察，绝大部分呈黄色调，尤其，Ⅰ、Ⅱ、Ⅲ黄色调浓艳，Ⅳ、Ⅴ、Ⅵ区也有轻微黄色调（图 308），并且冠部也能观察到轻微黄色调似有似无。

整体黄N、<N 色整体肉眼观察可见明显黄色调。Ⅰ、Ⅱ、Ⅲ区黄色调浓艳闪烁，强的黄色调火彩会降低这三区的观察透过率，Ⅳ、Ⅴ、Ⅵ区也有微黄色调，并且冠部观察黄色调也非常明显，尤其 <N 接近黄色彩钻的浓艳度。

步骤五：相邻色级别

通过上述步骤坚定者能区分到相邻的小段内的色级判别，应通过比色石比对有效判定。

图 305 K 色级钻石

图 306 I 色级钻石

图 307 J 色级钻石

图 308 L 色级钻石

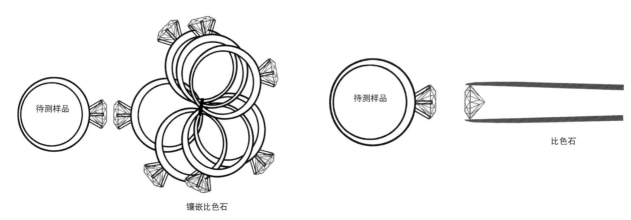

镶嵌比色石　　　　待测样品　　　比色石

图 309　镶嵌钻石比色方法

2. 镶嵌钻石建议比色方案

镶嵌钻色颜色色级常受镶嵌用贵金属、围镶其他有色宝石的影响而不易精确分级。黄金或配镶的小颗粒黄色宝石使 H 色级以上的钻石稍低于实际色级，使 I 色级以下的低色级钻石稍高于实际色级。铂金或 K 白金包镶或迫镶的 J 色级以下的低色级钻石稍高于实际色级。配镶的小颗粒蓝色宝石的衬托下，低色级钻石稍高于实际色级。

钻石的镶嵌方式也会影响比色的效果。钻石过多地镶入金属中，如包镶的方式，人们无法从侧面观察钻石，要比爪镶的方式更受金属颜色的影响，并且只能从正面进行观察，比色的难度较爪镶更大。

在镶嵌钻石比色时，可以采取一定的措施，设法使用比色石。对爪镶的钻石，用颜色与金属托架相近的镊子或者宝石爪夹住比色石，与待测钻石台面相对，比较腰棱附近的颜色深度，判断色级（图 309）。这样做得出的结果会更为精确，但仍然难以做到像裸钻一样准确。尤其镶嵌钻石是放在色级仅差一级的两颗比色石之间进行比较，再加上金属的影响，比色的准确度显然比不上裸钻。

采用放大下比色的技术，也是镶嵌钻石进行颜色分级的重要方法。如果采用相应的辅助工具，如使用专门为放置比色石设计的黄色与白色金属托架，就有可能在放大的条件下，从侧面或某一方向比较未知的镶嵌钻石与比色石之间的颜色深浅，以达到较准确甚至准确比色的目的。

依据《GB/T 16554-2017 钻石分级》中规定，镶嵌钻石颜色级别与未镶嵌钻石颜色级别具有一定对应关系（表 15）。

表 15 镶嵌钻石颜色级别与未镶嵌钻石颜色级别对照表

镶嵌钻石颜色等级	D-E		F-G		H	I-J		K-L		M-N		<N
对应的未镶嵌钻石颜色级别	D	E	F	G	H	I	J	K	L	M	N	<N

六、钻石颜色常见问题

颜色分级是带有明显人为主观性的判断。要做到判断能够更符合样品的实际特征，需要严格且大量的训练。同时也要了解人的视力和样品可能出现的异常或偏移标准的情况，以及由此引起的问题和解决的办法。

1. 颜色相关问题

（1）带杂色调钻石的比色

这是最常遇到的问题之一。钻石不仅带有黄色调，而且还带有褐色、灰色等其他的色调，而比色石只带黄色。在进行比色时，一定要了解，比色是对颜色浓度的判定，而不是对颜色色调的比较。无论是什么颜色，只要存在，就有一定的浓度，就要加以考虑。实际上，有些颜色比黄色明显，如同样深度的黄色和褐色，看上去褐色的更明显，会显得更深。另一方面，有些颜色又不如黄色明显，例如浅灰色。具浅灰色调的钻石往往会使没有经验的初学者划分到很高的色级，产生严重的错误，在比色时要加以注意。带有杂色调钻石比色具体步骤如下。

步骤一：清洗钻石

在开始对带有杂色调钻石比色之前，首先要清洗钻石，钻石如果长时间如果没有清洗，粗磨腰围的钻石腰围容易沉积一些细小灰尘或脏物，这时钻石从侧面观察感觉有灰色调，定级容易出现较大误差。这时需要将钻石进行有效清洗，可以用硫酸或氢氟酸浸泡来达到祛除杂质的目的。

步骤二：选择合适的光源位置

对带有杂色调钻石比色时，需要采用透射光比色法（图310），这种方法有利于排除不同色调所带来的影响。

具体操作流程为将光源放在比色槽的后面，光线透过比色槽后，强度减弱，再从垂直亭部主刻面的方向上观察透过钻石样品与比色石的柔和光线。这时，钻石样品和比色石的颜色几乎都已消失，便于比较钻石样品与比色石所显示的灰度（即为颜色浓度）。通过与相邻的比色石比较，找出钻石样品的色级区间，确定钻石样品的色级。

步骤三：带色调钻石比色

a）带灰色调钻石比色方法

与正常比色石对比预先定出一个色级，然后脱离比色石放在比色板上，观察钻石底尖偏下位置的亮条带或钻石腰围，如果发现亮带透明度降低，或亮带和腰围明显色调偏灰偏暗，则该钻石就带有灰色调。根据灰色调明显程度，适当降级，较明显降一级，非常明显降两级（图311）。

b）带褐色调钻石比色方法

针对这类型钻石，需要考虑的是钻石内部的黄色调，观察过程中对褐色调不予考虑（假想褐色调不存在），只根据钻石内部黄色调进行分级。预定出一个色级。如果有褐色调则根据褐色调明显程度降1~2个色级。一般观察褐色调钻石需要采用透射法。如果特别明显的褐色调钻石属于彩色钻石系列，不予分级（图312）。

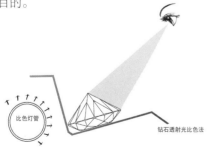

图 310 透射光比色法中钻石、光源、视线三者之间的角度

图 311 带灰色调钻石

图 312 带褐色调钻石

（2）颜色深度与比色石相同的钻石的比色

当待分级的钻石与某一比色石颜色非常接近时，会让人产生一种心理作用，即会觉得当该钻石放在比色石的左边时，其颜色较比色石深，放到比色石的右边时，又比该比色石浅。出现这种情况，表明该钻石的颜色深度与该比色石一样，不可与视觉疲劳的情况相混。为了消除这种疑虑，在碰到这种情况时，也可休息几分钟后再进行颜色分级。

（3）荧光对于钻石颜色分级的影响

具有强荧光的钻石，肉眼观察时，钻石表面会呈现淡淡月光效应的感觉，类似钻石表面有一层淡蓝色晕彩。钻石颜色感觉很白，和比色石对比会发现颜色偏高。这类钻石比色时，利用比色石对比后，预定一个色级，再利用紫外荧光灯观察，如果有强荧光，可以适当降一级。

（4）带色带或色域钻石的比色

当钻石上出现色域（两种色级），应多角度转动钻

石，取其平均色作为待测钻石的色级。

（5）含带色内含物钻石的比色

带色内含物，如氧化物充填的裂隙、黑色或深色的包裹体等，都对钻石的颜色产生一定的影响。由于这些内含物是钻石的净度特征，在净度等级判断时，其已作为考虑的依据，因而不宜在颜色分级中再作为评价的依据。所以，在比色时，要排除这些内含物的影响，选择不受这些内含物影响的部位或方向进行比色。

2. 切工相关问题

（1）切工比例欠佳的标准圆钻的比色

切工比例差的钻石，如亭部过浅的钻石（鱼眼钻石）比同色级切工标准的钻石看起来颜色要浅；相反亭部过深（黑底钻石）的钻石看起来颜色要深，应注意修正。如亭部偏差大，比色应选择台面与比色板接触的位置或腰围；冠部偏差大，比色应选择底尖；若腰围太厚或明显的粗糙腰，比色也应选择底尖（图 313～图 316）。

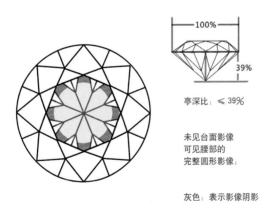

图 313　鱼眼钻石

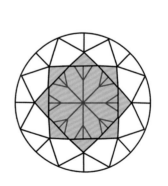

图 314　黑底钻石

图 315　亭部偏差大，比色应选择台面与比色板接触的位置或腰围

图 316　冠部偏差大，若腰围太厚或明显的粗糙腰，比色应选择底尖区域

（2）花式钻石的比色

花式钻石比色一般沿长度方向观察花式钻石的颜色比宽度方向的颜色要深；而菱形、梨形、心形的尖端或开口处颜色最为集中，应避免作为比色的部位。步骤如下：首先台面朝下，仔细观察每个方向，通常以斜对角线方向比色为准；其次台面朝上复查色级，若颜色反而变深，则应调整降低颜色等级。

3. 其他问题

（1）视觉疲劳

视觉疲劳是在比色中最常遇到的问题，实际上是一种生理现象。无论是初学者还是有经验的分级师，无论是进行了较长时间的比色还是刚做了数粒的比色之后，都可能出现视觉疲劳的现象。这时，无法判断钻石色级的归属，总觉得还有其他的可能性。一旦出现这种感觉，应该立即停止分级工作，哪怕只休息几分钟，就有可能恢复视力。而在疲劳的情况下继续比色，难免出现错误。也由于这一原因，比色时用长时间的反复观察和分析，再作出色级的判定，并不比快速比较做出的决定更可靠。实际上，最初的颜色印象比长时间观察后得出的结论更准确。

（2）大小不一钻石的比色

同一色级的钻石，颗粒越大，感觉颜色越黄，颗粒越小，感觉颜色越白。所以待比钻石与比色石大小差别很大时，比色过程中应着重比对靠近亭尖的位置（图317～图318）。

图 317 同样色级，大小不一钻石的颜色

图 318 大小不一钻石的比色思路

七、钻石荧光分级

大约有 25% ～ 35% 的钻石在长波紫外光的照射下会发出可见光。这种性质被称为紫外荧光，简称荧光。钻石荧光最常见的颜色为蓝白色。此外还会出现黄色、橙色、绿色和红色等其他颜色的荧光。

1. 荧光分级工具

除颜色分级所使用的工具外，还需另外准备钻石荧光分级灯和荧光对比石。

钻石荧光分级灯（图 319）一般是波长为 365nm 长波紫外荧光灯，最好带有暗箱，以避免其他光线的影响。

荧光对比石是一套已标定荧光强度的钻石样品，共 3 粒，依次代表强、中、弱 3 个级别的下限。荧光对比石要求使用的样品为标准圆钻型切工，重量大于 0.20ct 的钻石（图 320）。

2. 荧光级别的划分规则

按 3 粒荧光对比石在长波紫外光下的发光强度，可以将钻石的荧光级别划分为"强""中""弱""无"4 级。

（1）待分级钻石的荧光强度与荧光强度比对样品中的某一粒相同，则该样品的荧光强度级别为待分级钻石的荧光强度级别（图 321）。

（2）若待分级钻石的荧光强度高于对比样品中的最高级别"强"时，仍用"强"来表示该钻石的荧光强度级别（图 322）。

（3）待分级钻石的荧光强度低于对比样品中的"弱"，则用"无"代表该钻石的荧光强度级别（图 323）。

（4）待分级钻石的荧光强度介于相邻两粒荧光对比石之间，则以其中较低的级别代表该钻石的荧光强度级别（图 324）。

图 319　钻石荧光分级灯

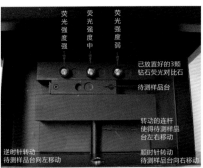

图 320　荧光对比石

图 321　荧光强度为"强"的钻石荧光分级

图 322　荧光强度为"中"的钻石荧光分级

图 323　荧光强度为"弱"的钻石荧光分级

图 324　荧光强度为"无"的钻石荧光分级

3. 荧光颜色

待分级钻石的荧光级别为"中"或"强"时，应注明其荧光颜色。荧光级别为"无"或"弱"时，可以不备注荧光颜色。

4. 荧光分级的注意事项

最好在一张纸上分别绘出荧光对比石的净度素描图，标出克拉重量，以便随时检查，防止待比钻石与荧光对比石混淆。

荧光分级通常与颜色分级同步进行。但应在颜色分级完成之后再进行荧光强度的对比。因为有的钻石带有磷光，将会影响颜色分级的准确性。

因为荧光强度的分级较颜色分级容易得多，所以对比时将待分级钻石放在荧光对比石前面一点即可，不要放在荧光对比石的旁边，以免在暗环境中将待分级钻石与荧光对比石混淆。

注意观察冠部或亭部，必要时可边观察边转动，防止钻石表面反射的没有完全过滤掉的紫外灯管残留发出紫红光与荧光相混。

经常检查长短波开关按钮，保证在长波下进行对比（因为不注意会按错按钮）。钻石在长短波下的荧光强度不同，鉴定者有可能得出错误结论。

注意待分级钻石放置方向要与对比石一致，因为台面朝下或亭部朝下，其荧光强度可能差别很大（图 325）。

荧光强度为"无"的钻石并不都是没有荧光，可能只是比荧光强度为"弱"的对比石稍弱而已。

镶嵌钻石首饰荧光对比时，应将钻石台面正对着紫外灯灯管，这样就能避免因紫外线照射不到钻石而出现荧光，使判断不准确的情况（图 326）。

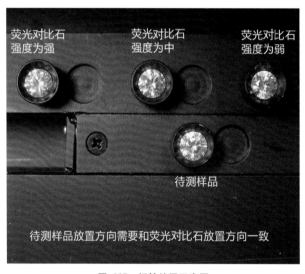

图 325 裸钻放置示意图

图 326 镶嵌钻石首饰放置示意图

第二节　钻石净度分级

16 世纪前，钻石的品质是根据重量和形态划分的，颜色和净度不在考虑之列。巴西钻石的发现，使人们意识到内含物和颜色对钻石的影响。

20 世纪初随着南非钻石的大量发现，巴黎将钻石的净度分为肉眼不可见"镜下无瑕"（Loupe—Clean）和放大镜下可见"有瑕"（Pique）两个级别。1953 年美国宝石学院创始人之一的李·迪克先生，提出了一套 9 个等级的钻石分级体系方案：FL、VVS$_1$、VVS$_2$、VS$_1$、VS$_2$、SI$_1$、SI$_2$、I$_1$、I$_2$，1970 年又增添了 IF、I$_3$ 两个级别；与此同时，欧洲类似的钻石分级体系相继出台，分为 LC、VVS$_1$、VVS$_2$、VS$_1$、VS$_2$、SI$_1$、SI$_2$、P$_1$、P$_2$、P$_3$ 共 10 个级别，并提出以中性词"内含物"（Inclusions）取代"瑕疵"（Imperfect）这一贬义词，逐渐建立起现代净度分级体系。IDC 提出了净度分级中具有重大意义的"5μm"规则，为 10× 放大镜下分辨钻石内部内、外部特征确定的标准。

一、钻石净度分级定义

10× 放大镜下，鉴定者采用比色灯照明方式，对钻石的内部和外部特征进行定性的等级划分，即系统全面观察钻石，找出净度特征（内含物），根据其位置大小、数量、可见度和对钻石美观、耐久的影响，最后定出钻石净度级别的过程。

定性的钻石净度等级划分不可避免地存在着诸多人为的因素，这与技术人员的观察能力、经验有很大的关系。如容易发现和比较容易发现之间没有截然的界线，不同的观察者，可能会有不同的认识和理念。鉴于此，《GB/T 16554-2017 钻石分级》国家标准中明文规定，从事净度分级的技术人员应受过专门的技能培训，掌握正确的操作方法。由 2~3 名技术人员独立完成同一样品的净度分级，并取得统一认识和结果，尽可能减少人为的误差。

10× 放大镜下，鉴定者采用比色灯照明方式，对钻石的内部和外部特征进行定性的等级划分，即系统全面观察钻石，找出净度特征（内含物），根据其位置大小、数量、可见度和对钻石美观、耐久的影响，最后定出钻石净度级别的过程。

二、钻石净度分级影响因素

钻石净度分级就是对钻石内、外特征可见程度进行定性分级。钻石内、外部特征越容易被发现，对钻石净度影响越大，净度级别也就越低；反之越不容易被发现，对钻石净度影响越小，净度级别也相应越高。总之，10× 放大条件下，钻石内、外部特征越容易被观察到，对净度影响越大，钻石净度级别也越低。

1. 大小

内、外部特征的大小是决定净度级别的最重要因素，往往影响到大级的划分。在众多的分级体系中，无论是在商业性的分级还是在实验室中，观察内、外部特征均以 10× 放大条件为准。

至于内、外部特征的绝对大小，国际钻石委员会（IDC）的研究人员在这方面已做了大量工作，并总结出著名的 5μm 规则。他们发现，在 10× 放大条件下 5μm 是大多数人肉眼分辨的极限，即小于 5μm 的特征 10× 放大条件下观察不到，大于 5μm 的特征 10× 放大条件下可观察到，因此将 5μm 作为 LC 级与 LC 以下净度级别的划分界线。一般情况下，净度特征 ≤5μm 为 LC 级，5-50μm 为 VVS—SI 级，≥50μm 肉眼冠部可见，为 P 级。

2. 数量

　　显然，钻石的内、外部特征越多，净度等级也就越低，甚至也可以影响到大级的划分。例如：一个小的点状物可能定到 VVS 级，而由大量这样的点状物聚集在一起组成云状物时，就会影响钻石内部光线的传播，严重时会影响钻石的透明度、明亮度，净度级别则可能降到 P 级。

3. 位置

　　内、外部特征所在的位置也是影响钻石净度级别的重要因素。相同的净度特征因其所在位置不同会导致不同的净度级别，常常是划分小级的依据。一般说，位于台面下方的净度特征对净度的影响最大，依次是冠部、腰部和亭部。如：某净度特征出现在钻石台面的正下方时其净度为 SI_2 级，但如果这个净度特征出现在腰部或亭部，其净度级别就可能会是 SI_1 或 VS_2，其原因就是钻石台面下和冠部刻面下的净度特征相对容易被发现，而腰部、亭部的净度特征较难被发现。

　　因此，按照位置的明显程度，我们将钻石划分为以下 4 个区，Ⅰ区、Ⅱ区、Ⅲ区和Ⅳ区，从Ⅰ区到Ⅳ区位置越来越不明显，对净度的影响也越来越小（图327）。

4. 性质

　　同样大小、数量及处于同样位置的不同性质或类型的内、外部特征，它们对钻石净度级别的影响程度是不一样的。如晶体包裹体比云状物影响大，解理和裂隙影响程度要远大于生长纹，破损性内部特征影响最为严重。

5. 颜色和对比度

　　钻石中净度特征观察的难易程度除了受其大小、数量和所在位置的影响外，还和净度特征本身与钻石背景的对比反差大小有关。通常，暗色或有色包裹体较无色透明包裹体对比度高，有清晰边界的包裹体比无明显边界包裹对比度高，更容易被观察到，所以对净度影响较大。

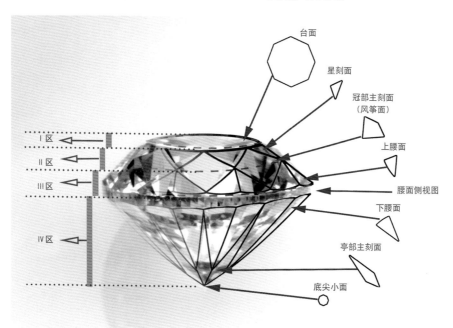

图 327　钻石净度分级分区示意图

三、钻石净度分级方法

依据分布在钻石内部及表面特征的差异，特征被划分为内部特征和外部特征两大类。

1. 内部特征（internal characteristics）

包含或延伸至钻石内部的天然包裹体、生长痕迹和人为造成的特征。观察内部特征非常重要，因为它们是影响钻石净度等级的主要因素。

（1）点状包裹体（pinpoint）

钻石内部极小的天然包裹体，是所有内部特征中最小的，其尺寸大小应该稍微大于或等于 $5\mu m$，$10\times$ 放大镜下能够被分辨出来，但看不清具体的形态，在钻石内部类似针尖大小，需要仔细辨认（图328）。

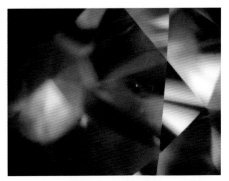

图 328　点状包裹体

（2）云状物（cloud）

是指钻石中呈朦胧状、乳状、无清晰边界的天然包裹体，有时也称云雾状包裹体。云状物的成因较复杂，可以是由许多分散的固体颗粒组成，可以是由晶体的缺陷或错位造成，也可以是一系列微小的裂隙。一些云状物颜色很淡，用 $10\times$ 放大镜很难发现，需借助高倍显微镜观察（图329）。

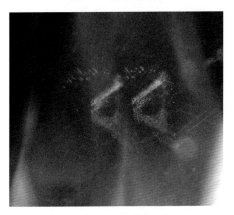

图 329　云状物

（3）浅色包裹体（crystal inclusion）

矿物包裹体是包裹在钻石内部的矿物晶体。这些矿物包裹体大多是在钻石生成的早期包裹在其中的，是典型的原生包裹体。矿物包裹体的颜色多种多样，有无色、绿色、紫色、红色、棕色、黑色等。

钻石内部浅色或无色天然包裹物被称为浅色包裹体（图330）。

图 330　浅色包裹体

（4）深色包裹体（dark inclusion）

钻石内部深色或黑色天然包裹物称为深色包裹体，在净度分级时浅色包裹体和深色包裹体对净度的影响程度不一样，大小相近、且所处位置基本相同的深色包裹体与浅色包裹体相比，前者对净度的影响更严重一些（图331）。

图 331　深色包裹体

（5）针状物（needle）

钻石内部的针状包裹体，可呈长针状，棒状，轮廓边界清晰，大多数针状物为无色（图332）。

（6）内部纹理（internal graining）

钻石内部的天然生长痕迹，亦称生长线、生长结构、内部生长纹等。

它可有几种成因：①由双晶或晶格错动等原因而引起的钻石内部原子排列不规则，形成平行线状生长结构，被称为"双晶纹"，②由于钻石阶段性生长而形成的条带，常常呈平直或弯曲的线状、条带状，一组或多组出现，有些条带之间还可有颜色差别，称为"色带"（图333）。

（7）内凹原始晶面（extended natural）

凹入钻石内部的天然结晶面。内凹原始晶面上常保留有阶梯状、三角锥状、平行条带状生长纹，多出现在钻石的腰部（图334）。

（8）羽状纹（feather）

钻石内部或延伸至内部的裂隙，形似羽毛状（图335）。羽状纹的大小、形状千差万别，可以是被封闭在钻石内部的，也可与钻石表面连通，常有一个相对平整的面，也可以是凹凸起伏的。羽状纹的颜色多为乳白色或无色透明。有一些羽状纹的面上有黑色炭质薄膜，看上去与黑色矿物包裹体相似，这是当钻石产生张裂隙时，内部压力骤减而使钻石转变成石墨所致。还有一些羽状纹常分布于某一些结晶包裹体的四周，为张裂隙。根据羽状纹裂开的深浅程度，它一般可以被细分为线裂和面裂，面裂对净度影响较为严重。

图 332　针状物

图 333　内部纹理

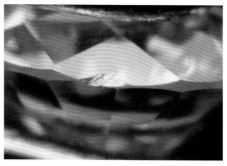

图 334　内凹原始晶面

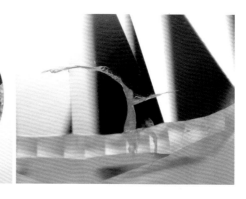

图 335　羽状纹

（9）须状腰（beard）

腰上细小裂纹深入内部的部分（图336）。这是在钻石打圆过程中，操作不当，钻石腰围局部压力过大，八面体解理面方向产生的一系列竖直的细小裂纹，形似胡须，故而得名，一般只在腰围附近出现。

（10）破口（chip）

腰和底尖受到撞击形成的浅开口（图337）。它一般呈"V"字形，有时可在破口面呈现阶梯状解理裂开

图336　须状腰

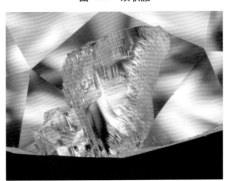

图337　破口

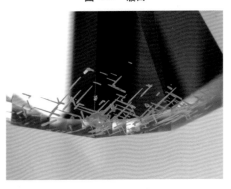

图338　凹蚀管

或平行纹理结构。这属于钻石中典型的破损性特征之一，对净度影响较为严重。

（11）空洞（cavity）

羽状纹裂开或矿物包裹体在抛磨过程中掉落，在钻石表面形成的开口（图338）。一般表面开口边界轮廓不规则，空洞向钻石内延伸，洞壁陡峭不光滑。

（12）凹蚀管（etch channel）

高温岩浆侵蚀钻石薄弱区域，留下的由表面向内延伸的管状痕迹，开口常呈四边形或三角形（图339）。凹蚀管粗细不均，管壁粗糙，有时会有分叉，管内往往由于次生物充填，会呈氧化的褐色、黄色等不透明状。

（13）晶结（knot）

抛光后触及钻石表面的矿物包裹体（图340）。一般是由于刻面与接近表面矿物包裹体硬度差异，导致表面无法抛光，类似翡翠表面的橘皮效应。

图339　空洞

图340　晶结

（14） 双晶网（twinning wisp）

聚集在钻石双晶面上的大量包裹体，呈丝状，放射状分布（图 341）。与钻石双晶结合面有关，绝大多数为双晶结合面上微裂隙杂乱分布。

（15） 激光痕（laser mark）

用激光束和化学品去除钻石内部的深色包裹体时留下的痕迹。管道或漏斗状的痕迹称为激光痕（图 342）。激光痕因与钻石表面连通开口，有时可被高折射率的玻璃充填。

图 341　双晶网

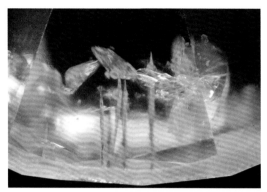

图 342　激光痕

2．内部特征小结表

各种常见的钻石内部特征类型及表示方法见表 16。

表 16　常见钻石内部特征类型

编号	名称	英文名称	符号	说明
01	点状包裹体	pinpiont	·	钻石内部极小的天然包裹物
02	云状物	cloud		钻石中朦胧状、乳状、无清晰边界的天然包裹物
03	浅色包裹体	crystal inclusion		钻石内部的浅色或无色天然包裹物
04	深色包裹体	dark inclusion		钻石内部的深色或黑色天然包裹物
05	针状物	needle		钻石内部的针状包裹体

编号	名称	英文名称	符号	说明
06	内部纹理	internal natural		钻石内部的天然生长痕迹
07	内凹原始晶面	extended natural		凹入钻石内部的天然结晶面
08	羽状纹	feather		钻石内部或延伸至内部的裂隙，形似羽毛状
09	须状腰	beard		腰上细小裂纹深入内部的部分
10	破口	chip		腰和底尖受到撞伤形成的浅开口
11	空洞	cavity		羽状纹裂开或矿物包裹体在抛磨过程中掉落，在钻石表面形成的开口
12	凹蚀管	etch channel		高温岩浆侵蚀钻石薄弱区域，留下的由表面向内延伸的管状痕迹，开口常呈四边形或三角形
13	晶结	knot		抛光后触及钻石表面的矿物包裹体
14	双晶网	twinning wisp		聚集在钻石双晶面上的大量包裹体，呈丝状、放射状分布
15	激光痕	laser mark		用激光束和化学品去除钻石内部深色包裹物留下的痕迹，管状或漏斗状痕迹被称为激光孔，可被高折射率玻璃充填

3. 外部特征（external characteristics）

仅存在于钻石外表的天然生长痕迹和人为造成的特征。除少数几种外，外部特征多由人为因素造成，相对于内部特征，外部特征对钻石的净度影响较小，一些细小的外部特征可以通过重新抛光去除，从而对净度不产生影响。常见的外部特征如下。

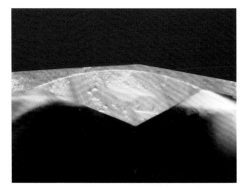

图 343　原始晶面

（1）原始晶面（natural）

为保持最大质量而在钻石腰部或近腰部保留的天然结晶面。它一般只出现于腰围及附近区域，原始晶面上常有明显的阶梯状和平行条带状结构，还经常残留三角形凹坑或三角座等生长标记（图 343）。

（2）表面纹理（surface graining）

钻石表面的天然生长痕迹。与内部纹理的成因基本相同，内部纹理出露在钻石的表面即为表面纹理。表面纹理常贯穿多个刻面，在刻面之间是连续贯通的（图 344）。

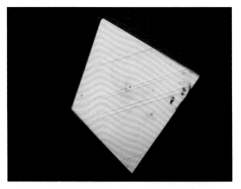

图 344　表面纹理

（3）抛光纹（polish lines）

由于抛光不当造成的细密线状痕迹，在同一刻面内相互平行（图 345）。同一刻面只存在一组平行排列抛光纹，多个相邻刻面的多组抛光纹，跨刻面间不连续，彼此有一定的夹角，以此可与外部生长纹区别。抛光纹采用内反射法观察效果比较明显，即让光线通过钻石内部反射回来，将抛光纹形成的影像带入观察者眼中。

图 345　抛光纹

（4）刮痕（scratch）

钻石表面很细的刮伤痕迹（图 346）。通常在钻石表面呈一条很细的白线，如同玻璃被利器划过一样。钻石是已知世界上最硬的矿物，引起刮伤的原因是抛磨盘上有较大的钻石抛光粉颗粒，在高速转动下可刻划钻石。此外裸钻混包在一起，钻石之间彼此摩擦也会造成表面的划刮伤。

透射光下刮痕　　　　反射光下的刮痕

图 346　刮痕

（5）额外刻面（extra facet）

规定之外的所有多余刻面（图 347）。这可能是由于加工失误造成的，也可能是为了消除钻石表面某些内、外部特征而刻意切磨出来的刻面。额外刻面一般在腰围附近出现，也可以出现于其他刻面位置，额外刻面与原晶面区别在于，本身是一个多出来的平面，表面光滑，没有原始晶面的条纹或三角形标识，反光强，亮度高。

（6）缺口（nick）

腰或底尖上细小的撞伤（图 348）。其破损程度远小于内部特征中的破口，10× 放大条件下人们难以观察破损面的基本状况，通常只能看到棱角处破损呈白点状。

（7）击痕（pit）

表面受到外力撞击留下的痕迹。围绕撞击中心有向外放射状的细小裂纹，当它延伸至钻石内部时被称为"碎伤"，在刻面上表现为一个小白点（图 349）。

（8）棱线磨损（abrasion）

棱线上细小的损伤，呈磨毛状（图 350）。磨损的棱线由锋利平直的线条变成白色缺损成点状沿棱线延长方向分布。钻石棱线磨损只会偶尔出现在少数棱线位置，与钻石仿制品大规模出现棱线磨损不一样。

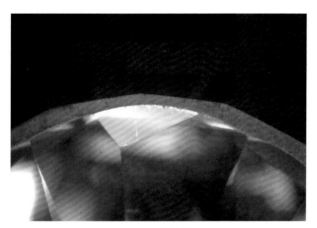

图 347　额外刻面

图 348　缺口

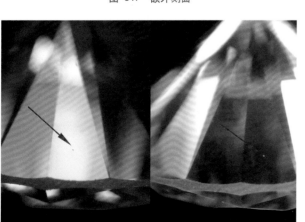

图 349　击痕

图 350　棱线磨损

（9）烧痕（burn mark）

抛光或镶嵌不当所致的糊状疤痕（图 351）。这种糊状的痕迹是清洗不掉的，如同钻石表面被米汤滴染过一般。由于抛光盘不洁净，加之操作人员技术欠佳，少量的抛光粉被高速摩擦产生的热能烧焦，粘在钻石表面，甚至热能直接使钻石表面燃烧碳化，造成这种糊状疤痕。

（10）黏杆烧痕（dop burn）

钻石与机械黏杆相接触的部位，因为高温灼伤造成"白雾"状的疤痕（图 352）。

（11）"蜥蜴皮"效应（lizard skin）

已抛光钻石表面上呈现透明的凹陷波浪纹理，方向接近解理面的方向（图 353）。因此刻面与解理面要求有 5 度以上夹角，才能抛光呈镜面效果。

（12）人工印记（inscription）

在钻石表面人工刻印留下的痕迹，在备注中注明印记的位置。钻石中人工印记出现的地方一般是两个：台面和腰棱。某些品牌钻石，其台面中央会留下人工印记作为品牌标志（图 354～图 356）。更多的人工印记出现在钻石的腰棱上（图 357~图 359），例如证书号、检测机构名称、优化处理公司名称等。也有部分印记会出现在钻石其他刻面，例如星腰面（图 360）、冠部主刻面（图 361）。

人工印记及其影像在净度分级中出现时，钻石净度不做降级处理。

图 351 烧痕

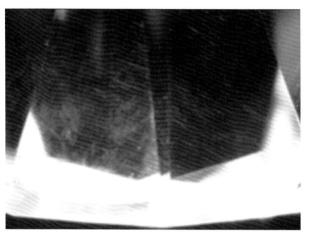

图 352 黏杆烧痕（图片来源 GIA）

图 353 "蜥蜴皮"效应[23]

图 354　人工印记（Forever Mark 印记在钻石台面）

图 355　人工印记对钻石净度的影响

图 356　人工印记对钻石净度的影响

图 357　人工印记（检测机构在钻石腰围的印记）

图 358　人工印记（检测机构在钻石腰围的印记）

图 359　人工印记［通用电气公司（GE）处理钻石印记］

图 360　人工印记（Tiffany 在钻石星刻面的印记）

图 361　人工印记［奥德法公司（Goldman Oved）处理钻石印记］

4. 外部特征小结表

各种常见的钻石外部特征类型及表示方法见下表 17。

表 17 常见钻石外部特征类型

编号	符号	英文名称	名称	说明
01		natural	原始晶面	为保持最大质量而在钻石腰部或近腰部保留的天然结晶面。
02		surface graining	表面纹理	钻石表面的天然生长痕迹。
03		polish lines	抛光纹	抛光不当造成的细密线状痕迹,在同一刻面内相互平行。
04		scratch	刮痕	表面很细的划伤痕迹。
05		extra facet	额外刻面	规定之外的所有多余刻面。
06		nick	缺口	腰或底尖上细小的撞伤。
07		pit	击痕	表面受到外力撞击留下的痕迹
08		abrasion	棱线磨损	棱线上细小的损伤,呈磨毛状。
09	B	burn mark	烧痕	抛光或者镶嵌不当所致的糊状疤痕。
10		dop burn	黏杆烧痕	钻石与机械黏杆相接触的部位,因高温灼伤造成 "白雾" 状的疤痕
11		lizard skin	蜥蜴皮效应	已抛光钻石表面上呈透明的凹陷波浪纹理,其方向接近解理面方向
12		inscription	人工印记	在钻石表面人工刻印留下的痕迹,在备注中注明印记位置

5．外部和内部特征的标记流程

（1）思路

根据钻石的琢型做冠部和亭部的平面投影图（图362）；按钟表的刻度把投影图划成十二等份，冠部按照顺时间方向，亭部按照逆时间方向。将所观察到的特征用相应的符号按比例标记在投影图的相应位置上，用红色的笔画标记内部特征，而用绿色笔画标记外部特征。

从冠部观察到的所有特征应被标记在冠部的投影图上；而在亭部表面上的特征或只能从亭部观察到的特征则被标记在亭部的投影图上；一些从冠部可观察到并延伸至亭部表面的特征或某一包裹体同时延伸到冠部和亭部的表面时，则应在冠部和亭部的投影图上都标记；特征分布在腰部的原晶面，如超出腰围上边界，则标注在冠部的投影图上；特征如超出腰围下边界或仅限于腰围上下边界范围内，则标注在亭部的投影图上。如果遇到某些复杂的特征同时又没有相应已知的标记符号时，就按它们的实际的形状和相对的大小来标记。

（2）流程

净度观察顺序应该遵循：台面——星小面——风筝面——上腰小面——亭部刻面——腰（图363）。

步骤一：从钻石上面找到一个比较典型的内部或者外部特征（钻石如果换了夹持位置，就很容重新找到并定位的），把这个典型特征画在图12点或者6点钟位置（图364～图365）。

步骤二：第一个夹持钻石位置观察完毕，需要转动钻石，一般将钻石放在托盘上，镊子换90°，从另外一个方位将钻石夹起来（相对来说钻石位置转动90°，此时要注意钻石是顺时针转动还是逆时针转动），画的图也要跟着钻石相应地转动，而且必须与钻石顺时针或逆时针方向保持一致。这样操作4次左右，基本就能将钻石360°完整观察，并在图上相应标记，位置不会错开。

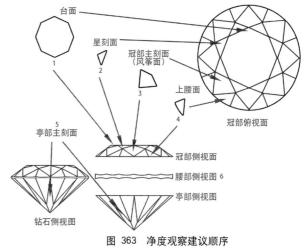

图 363　净度观察建议顺序

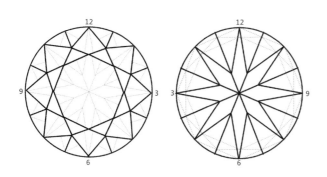

图 362　钻石冠部（左）、亭部（右）投影图（净度素描图）

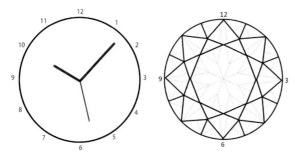

图 364　钟表盘定位法

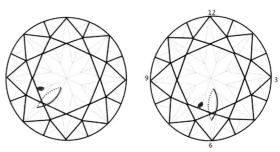

图 365　看到特征后的操作

步骤三：符号标记过程中，首先从最明显的 6、12 点开始标记，一般从台面位置向周围刻面延伸。当夹钻石这个位置有特征要标记的时候，冠部标注完毕，不要换位置，应将钻石翻过来，观察亭部，亭部上如有典型特征时，进行亭部标注。亭部标记完成，将钻石台面朝下放置于托盘中，镊子垂直腰棱夹持，将腰棱特征观察并标注。只有当冠部、亭部、腰围都标注完成，才开始将钻石整体换 90° 夹持。

步骤四：左右排列的冠部、亭部图位置应该成镜面对称，即 12、6 点位置不变，9、3 点位置互换。除了这几个点外，其他位置类似镜子成镜像效果。

（3）注意事项

净度素描图的绘制用红、绿笔标注才有效。净度素描图所使用的图标必须是国家标准中规定的，不能自己随意创造新标记。常用的符号标记有：**内部特征**、羽状纹、浅色包裹体、深色包裹体、内凹原始晶面、空洞、云状物、内部纹理、点状包裹体、须状腰、激光痕等；

外部特征，原始晶面、额外刻面、抛光纹。其他特征可以被放在次要地位。

如果有内部特征在钻石内部，刚好所处位置从冠部、亭部都能观察到，这是要以观察位置最好、效果最明显的地方进行标注。尤其是羽状纹，由表面向内部延伸裂开，此时冠亭部都能见，则以羽状纹裂口所处位置为准。

a）**腰部特征**（原始晶面、内凹原始晶面、须状腰、额外刻面、缺口等），标注过程中要根据冠亭部位置来准确定位，不能随意标注。

b）**影像的画法**，如果钻石内部的包裹体产生多个影像，要注意画图只能画实际存在包裹体，影像不能在图上表示出来，只是在进行净度定级时，人为进行降级处理（图 366 ~ 图 368）。

c）**底尖破损**，一般要求从台面上观察底尖刻面棱交汇处（即 "米" 字形位置），有白色点，即视为底尖破损，根据白色点大小确定底尖破损严重程度。但进行画图时，只能在亭部进行标注，而且用破口符号表示（图 369 ~ 图 370）。

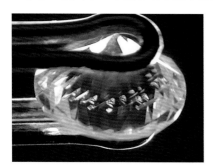
图 366　内部特征的影像

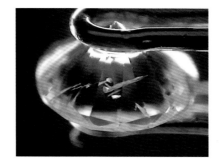
图 367　净度素描图

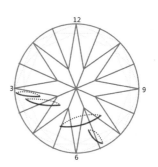
图 368　净度素描图

图 369　底尖破损

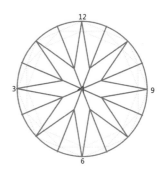
图 370　净度素描图

四、钻石净度级别及划分原则

1. 钻石净度级别

根据钻石分级国家标准《GB/T 16554-2017 钻石分级》的规定，对于 < 0.47ct 钻石可分为 LC、VVS、VS、SI、P 五个大级，对于 ≥ 0.47ct 钻石需进一步细分为 FL、IF、VVS$_1$、VVS$_2$、VS$_1$、VS$_2$、SI$_1$、SI$_2$、P$_1$、P$_2$、P$_3$ 十一个小级，对于镶嵌钻石，分为 LC、VVS、VS、SI、P 五个大级（见《钻石 4C 分级快速查询手册》表 2，后简称《查询手册》）。

2. 钻石净度级别的划分规则

现将钻石分级国家标准《GB/T 16554-2017 钻石分级》中的净度级别划分规则进行归纳阐述。

（1）LC 级

又称镜下无瑕级（Loupe Clean），是指在 10×放大条件下，未见钻石具内、外部特征（图 371~图 372）。细分为 FL 级（无瑕级）和 IF 级（内部无瑕级）（表 18）。

LC 级别允许额外刻面位于亭部，冠部不可见；原始晶面位于腰围内，不影响腰部的对称，冠部不可见；内部生长线无反射现象，不影响透明度；钻石内、外部有极轻微的特征，轻微抛光后可除去。

图 371 LC 级

图 372 LC 级

表 18 LC 级特征描述

净度级别		净度程度描述	净度描述
LC 级	FL 级	10× 放大镜下，未见钻石具内、外部特征，右边外部特征情况仍然属于 FL 级	额外刻面位于亭部，冠部不可见
			原始晶面位于腰围内，不影响腰部的对称，冠部不可见
	IF 级	10× 放大镜下，未见钻石具内部特征，右边外部特征情况仍然属于 IF 级	内部生长纹理无反光，无色透明，不影响透明度
			钻石可见极轻微的外部特征，轻微抛光后可去除

（2）VVS 级

又称极微瑕级（Very Very Slightly Included），是指在 10× 放大镜下，钻石具极微小的内、外部特征。VVS 级根据内、外部特征的大小、分布位置等因素，即根据观察的难易程度细分为 VVS$_1$（图 373～图 378）和 VVS$_2$（图 379～图 384）两个级别（表 19）。

VVS 级允许有较容易发现的外部特征，如额外刻面、原始晶面、小划痕或微小的缺口等，极少量的可见度低的针点状物、发丝状小裂隙（位于亭部），轻微的须状腰。少量的有反射的生长纹、微弱的云状物等。

VVS 级与 IF 级的区别是，VVS 级含少量微小的内含物，而 IF 只有极其轻微的外部特征。

图 373　VVS$_1$ 级外观图

图 374　VVS$_1$ 级的内部纹理

图 375　VVS$_1$ 级的生长纹

图 376　VVS$_1$ 级的生长纹

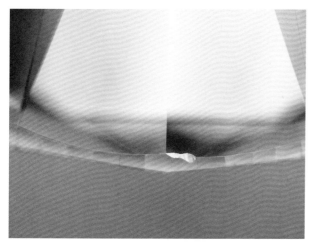

图 377 VVS₁级的原始晶面

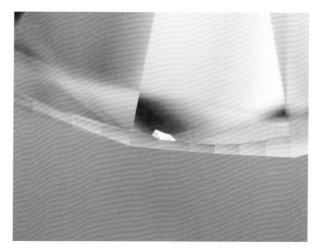

图 378 VVS₁级的原始晶面

图 379 VVS₂级外观图

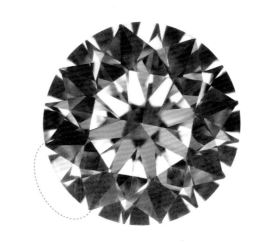

图 380 VVS₂级的内部纹理

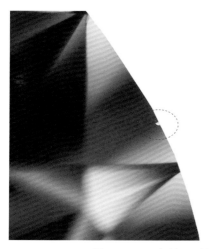

图 381 VVS₂级的腰围缺口

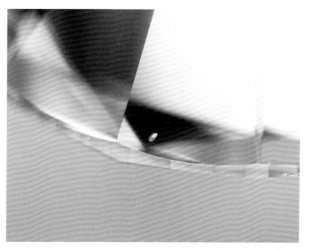

图 382 VVS₂级的浅色包裹体

图 383 VVS₂ 级的原始晶面

图 384 VVS₂ 级的云状物

表 19 VVS 级特征描述

净度级别		净度程度描述	净度描述
VVS 级	VVS₁ 级	钻石具极微小的内、外部特征，10×放大镜下极难观察	Ⅰ区：一般不允许有任何内部特征 Ⅱ区、Ⅲ区：极少量的可见度低的针点状物或极淡的云状物 腰部区：极轻微的须状腰
	VVS₂ 级	钻石具极微小的内、外部特征，10×放大镜下很难观察	Ⅰ区：极少量的针点状物或极淡的云状物 Ⅱ区、Ⅲ区、Ⅳ区：少量的针点状物、淡的云状物及微裂隙 腰部区：轻微的须状腰

（3）VS 级

又称微瑕级（Very Slightly Included），是指在10× 放大镜下，钻石具细小的内、外部特征。VS 级根据内、外部特征的大小、分布位置等因素，即根据观察的难易程度细分为 VS₁（图 385 ~ 图 390）和 VS₂（图391 ~ 图 396）两个级别（表 20）。

VS 级允许有较容易发现的羽状纹等内部特征，外部特征除原始晶面及冠部可见的额外刻面外，其他轻微的外部特征对该级别的影响不大。

VS 级与 VVS 级的区别是，在 10× 放大条件下，前者可以观察到内、外部特征，尽管比较困难，而后者则几乎观察不到。

图 385　VS₁ 级外观图

图 386　VS₁ 级的外观图

图 387　VS₁ 级的底尖破损和羽状纹

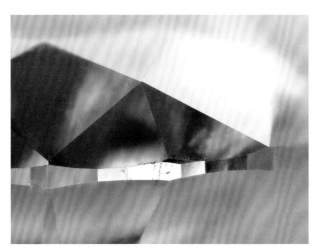

图 388　VS₁ 级的额外刻面和须状腰

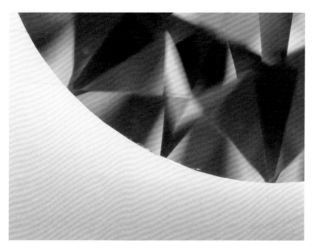

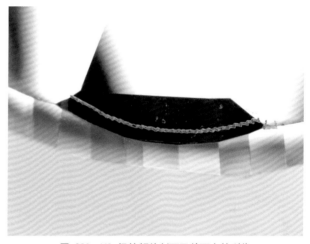

图 389　VS$_1$ 级的须状腰

图 390　VS$_1$ 级的生长纹

图 391　VS$_2$ 级的台面云状物包裹体

图 392　VS$_2$ 级的额外刻面及其面上的刮伤

图 393　VS$_2$ 级的羽状纹和烧痕

图 394　VS$_2$ 级的台面云状物

图 395　VS₂ 级的刮伤

图 396　VS₂ 级的深色包裹体

表 20　VS 级特征描述

净度级别		净度程度描述	净度描述
VS 级	VS₁ 级	钻石具细小的内、外部特征，10× 放大镜下难以观察	Ⅰ区：针尖状物或淡云状物、底尖轻微破损 Ⅱ区、Ⅲ区：冠部其他面有轮廓不太清楚的细小浅色晶体包裹体 腰部区：不明显的须状腰或细小的缺口、内凹原始晶面、较难观察的短丝状羽状纹
	VS₂ 级	钻石具细小的内、外部特征，10× 放大镜下比较容易观察	Ⅰ区：细小的晶体包裹体、点群状包裹体、明显的云状物、底尖破损 Ⅱ区、Ⅲ区：冠部其他面有细小晶体包裹体、丝状羽状纹 腰部区：小缺口、平行腰棱的线状羽状纹或斜交腰棱的细小羽状纹

（4）SI 级

又称瑕疵级（Slightly Included），是指在 10×放大镜下，钻石具明显的内、外部特征。SI 级根据内、外部特征的大小、分布位置等因素，即根据观察的难易程度细分为 SI_1（图 397 ~ 图 402）和 SI_2（图 403 ~ 图 408）两个级别（表 21）。

SI_1 级与 SI_2 级的区别是，SI_1 级的内含物肉眼从任何角度无论如何都看不见，SI_2 级的内含物肉眼从亭部观察界于可见与不可见之间。

SI 级与 VS 级的区别是，SI 级用 10× 放大镜即可很容易发现内、外部特征，但 VS 级用 10× 放大镜观察内、外部特征，比较困难。

图 397 SI_1 级的云状物、抛光纹和缺口

图 398 SI_1 级的羽状纹

图 399 SI_1 级的晶结

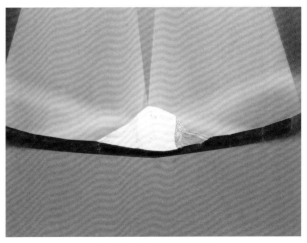

图 400 SI_1 级的原始晶面

图 401 SI_1 级的深色包裹体

图 402 SI_1 级的羽状纹

图 403 SI_2 级的深色包裹体、须状腰及羽状纹

图 404 SI_2 级的羽状纹

图 405 SI_2 级的浅色包裹体及影像

图 406 SI_2 级的浅色包裹体及影像

图 407　SI₂ 级的深色包裹体及羽状纹

图 408　SI₂ 级的须状腰

表 21 SI 级特征描述

净度级别		净度程度描述	净度描述
SI 级	SI₁ 级	钻石具明显的内、外部特征，10× 放大镜下容易观察	I 区：明显的浅色晶体包裹体、明显的云状物 II 区、III 区：冠部其他面有明显的线状羽状纹 腰部区：缺口、小的面状羽状纹
	SI₂ 级	钻石具明显的内、外部特征，10× 放大镜下很容易观察，肉眼难以观察	I 区：明显的内部特征，明显的云状物 II 区、III 区：明显的内部特征 腰部区：缺口、内凹原始晶面等 IV 区：肉眼观察特征介于可见和不可见之间

（5）P 级

又称为重瑕疵级（Pique），是指从冠部观察，肉眼可见钻石具内、外部特征，P 级根据内、外部特征的大小、分布位置等因素，即根据观察的难易程度细分为 P_1（图 409 ～图 414）、P_2（图 415 ～图 420）、P_3（图 421 ～图 426）三个级别（表 22）。

P 级钻石与 SI 级区别在于 P 级钻石肉眼从冠部观察即可发现特征，但 SI 级钻石用 10× 放大镜可很容易发现内、外部特征，但特征肉眼冠部不可见。

图 409 P_1 级的外观图

图 410 P_1 级的外观图

图 411 P_1 级的羽状纹

图 412 P_1 级的羽状纹

图 413 P_1 级的羽状纹

图 414 P_1 级的羽状纹

图 415 P₂级的外观图

图 416 P₂级的外观图

图 417 P₂级的外观图

图 418 P₂级 内凹原始晶面、羽状纹、云状物

图 419 P₂级的晶结、羽状纹、云状物

图 420 P₂级的羽状纹、云状物

图 421 P₃级的外观图

图 422 P₃级的外观图

图 423　P₃级的外观图

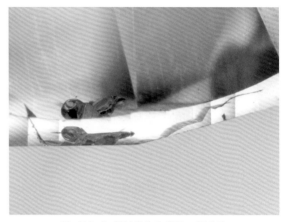

图 424　P₃级的浅色包裹体、羽状纹

图 425　P₃级的羽状纹及干涉色

图 426　P₃级的羽状纹及干涉色

表 22　P 级特征描述

净度级别		净度程度描述	净度描述
P 级	P₁级	钻石具明显的内、外部特征，肉眼可见	肉眼从冠部观察界于可见与不可见之间。典型的特征有明显的深色包裹体，较大的裂纹、清楚的云雾等，这些特征对于钻石亮度、透明度、火彩有轻微影响，对钻石耐久性无影响
	P₂级	钻石具很明显的内、外部特征，肉眼易见	肉眼从冠部容易看见大或多的内含物，它们对钻石的亮度有明显的影响，使钻石看上去变得暗淡、呆板，影响钻石的亮度、透明度和火彩
	P₃级	钻石具极明显的内、外部特征，肉眼极易见并可能影响钻石坚固度	肉眼很容易看见数目极多或个体极大的特征，例如由于包裹体钻石局部呈现云雾状，它们不但影响了钻石的透明度和明亮度，还影响了钻石的耐久性，实际已和工业用金刚石相差无几，但是它是研究包裹体的宝石学家和矿物学家的最爱之一

五、钻石净度分级流程

1. 裸钻净度分级流程

（1）净度分级操作流程

步骤一：选用合适方法清洗钻石，台面向下放置于托盘，正确使用各种方法夹持钻石（表23）进行观察。

步骤二：按照一定顺序观察钻石内、外部特征。

系统观察是为了保证详尽无遗地观察到整个钻石，找出隐蔽在每个角落的内部和外部特征，为正确判定钻石的净度等级打好基础。所以，系统观察就是要有计划、有步骤、循序渐进地进行，保证钻石的各个部分都能被充分地观察到，而没有遗漏。观察内外部特征时一般遵循以下顺序的原则（图427）。

a）观察钻石的冠部，首先观察台面，依次观察其余冠部刻面。

b）观察钻石的亭部，首先观察亭部主刻面，再观察下腰小面。

c）观察钻石的腰棱，经常可以在腰棱位置观察到原晶面、内凹原始晶面、破口、胡须、额外刻面、缺口等典型特征，因此，不要漏掉腰棱的位置。

表23 钻石夹持方式及观察目的

夹持示范	夹持名称	夹持目的	夹持方式
夹持方法1：镊子平行钻石腰棱的夹持 镊子与钻石夹持角度　　　夹持钻石观察角度及区域 使用该夹持方式夹取钻石，观察位置为如图所示灰色区域，观察完成后，需将钻石放在钻石布上，顺时针或逆时针转动镊子90°，继续相同灰色区域的观察，直至钻石转动360°一周观察完毕	平行腰棱夹持法	主要用于通过钻石的台面观察内外部特征，观察钻石冠部及亭部的内外部特征和切工的评价。	钻石台面向下放在工作台上，镊子与钻石台面平行，夹住钻石的腰棱。
夹持方法2：镊子倾斜钻石腰棱的夹持 镊子与钻石夹持角度　　　夹持钻石观察角度及区域 使用该夹持方式夹取钻石，观察位置为如图所示灰色区域，观察完成后，需将钻石放在钻石布上，顺时针或逆时针转动镊子90°，继续相同灰色区域的观察，直至钻石转动360°一周观察完毕	倾斜腰棱夹持法	主要用于透过冠部的倾斜小刻面和亭部的刻面来观察内外部特征。采用这种方式的作用是使观察的视线与刻面垂直，消除表面反光。	钻石台面向下放在工作台上，手持镊子向下倾斜夹住钻石的腰棱。如果夹好后角度不够合适，可用右手上拿着的放大镜的金属框轻轻地推动钻石，调整角度。如果有经验，也可以直接从平行夹持的状态，用放大镜的金属框推到倾斜状态。这时，最好用带锁扣的镊子。

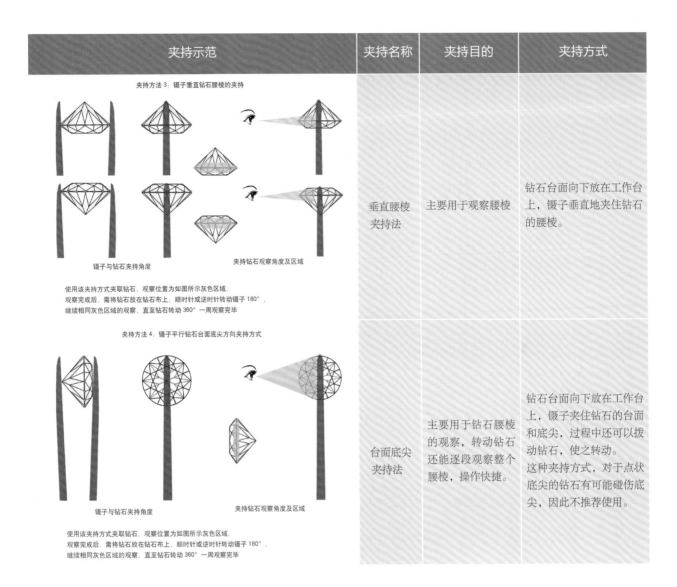

夹持示范	夹持名称	夹持目的	夹持方式
夹持方法3：镊子垂直钻石腰棱的夹持 镊子与钻石夹持角度　　夹持钻石观察角度及区域 使用该夹持方式夹取钻石，观察位置为如图所示灰色区域，观察完成后，需将钻石放在钻石布上，顺时针或逆时针转动镊子180°，继续相同灰色区域的观察，直至钻石转动360°一周观察完毕	垂直腰棱夹持法	主要用于观察腰棱	钻石台面向下放在工作台上，镊子垂直地夹住钻石的腰棱。
夹持方法4：镊子平行钻石台面底尖方向夹持方式 镊子与钻石夹持角度　　夹持钻石观察角度及区域 使用该夹持方式夹取钻石，观察位置为如图所示灰色区域，观察完成后，需将钻石放在钻石布上，顺时针或逆时针转动镊子180°，继续相同灰色区域的观察，直至钻石转动360°一周观察完毕	台面底尖夹持法	主要用于钻石腰棱的观察，转动钻石还能逐段观察整个腰棱，操作快捷。	钻石台面向下放在工作台上，镊子夹住钻石的台面和底尖，过程中还可以拨动钻石，使之转动。这种夹持方式，对于点状底尖的钻石有可能碰伤底尖，因此不推荐使用。

　　d) 外部特征的观察，采用不同的照明方式，遵循从冠部到亭部再到腰棱的观察顺序观察。

　　步骤三：根据观察的内、外特征类型及分布位置正确绘制钻石净度素描图。

　　步骤四：依据钻石分级国家标准《GB/T 16554—2017 钻石分级》级别划分原则，正确判定钻石净度级别。

　　步骤五：检查钻石，复称重量，确定其为原待分级的钻石样品。记录净度定级结果。

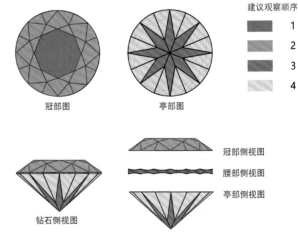

图 427　净度特征建议观察顺序

（2）净度级别判别流程

这主要依据肉眼及 10× 放大条件下，对钻石内外特征的观察，确定对钻石净度影响程度，以进行综合全面的级别划分与判定。具体级别判定流程如图 503 所示。

步骤一：肉眼可见与不可见的判别

根据肉眼从钻石冠部是否能观察到内部特征，可以将钻石净度级别划分为 P 或 SI 及以上级别这两种情况。

步骤二：10× 放大观察内、外部特征难易程度判别

针对 SI 及以上级别，利用 10× 放大镜观察，非常容易观察到内、外部特征为 SI，较难观察到内、外部特征为 VS 及上级别。

步骤三：10× 放大冠部内、外部特征可见与不可见判别

针对 VS 及以上级别，在 10× 放大镜下，冠部不可见内、外部特征为 LC，冠部可见内、外部特征为 VVS 或 VS。

步骤四：10× 放大观察冠、亭部内、外部特征明显程度判别

针对 VVS 和 VS，10× 放大镜下内、外部特征不明显，亭部或腰棱特征轻微，一般为 VVS，10× 放大镜下内、外部特征轻微，亭部或腰棱较明显，一般为 VS。

步骤五：大级别中对具体小级别判别

每个大级中具体对小级别判别，需要结合分级经验，多对比，参照《GB/T 16554-2017 钻石分级》中具体对每个小级详细规定综合判定。

2. 镶嵌钻石净度分级方案

镶嵌钻色由于受镶嵌所用贵金属材质及镶嵌工艺的影响，级别判定没有裸石精准，一般可以参照裸钻分大级别的方案进行。由于镶嵌的金属托架影响，需要多角度、多方向放大观察，将干扰降到最低程度，综合判断得出准确级别。镶嵌钻石净度级别一般只用判别大级，即 LC、VVS、VS、SI、P 五个级别，相对裸钻而言要简单得多。

六、钻石净度常见问题

在净度分级实践中会遇到许多问题，需依靠所掌握的知识和平时的经验积累，根据实际情况进行分析解决。下面是一些最常见的问题。

1. 镊子影像

由于镊子夹着钻石，各种琢型的钻石都会对镊子产生影像（图 428～图 429）。镊子所夹持的位置附近区域，经常为镊子的影子所占据，很难看清楚被镊子影像掩盖范围内的内含物情况。解决这一问题的最好办法是换一个夹持位置，让原被夹持的位置充分暴露出来，例如被放置到 "6 点钟或 12 点钟" 的位置后再进行观察。

此外，镊子头部锯齿影像，还可能被映射到钻石中的其他区域，即不在夹持的位置上，看起来像羽状纹。但从镊子所具有的金属光泽的特征和锯齿的形状还是可以识别。并且，如变换一个观察角度，镊子影像就会发生变化甚至消失，如果是羽状体则不会发生如此明显的变化。

图 428 有镊子影像钻石（红色圈内为镊子影像）

图 429 无镊子影像钻石

2．刻面对内含物的影像

如果内含物位于几个相邻的刻面之间某一合适的位置上，例如在一面棱的下方，就会被相邻的刻面反射或折射，观察时会看到多个内含物的像。尤其当内含物靠近底尖位置，会形成所谓的"环状影像"（图430～图431）。环状影像具有几何对称，每一个内含物的影像又完全一样，不至于误认。当这种环状影像从冠部一侧可见时，会极大地增加内含物的可见性，导致净度级别的下降。另一方面，影像也可被用来区别内含物与表面灰尘。

3．花式钻石的观察

观察花式钻的净度特征，比观察标准圆钻更困难。原因是圆钻的对称性好，每一部分的刻面反射形式是相同的，容易掌握；而花式钻不同部位刻面的反射形式不一。尖端部位，如马眼形、水滴形和心形等琢型的尖端，反射作用更为强烈，不易观察。即便是祖母绿或阶梯状琢型的花式钻，其腰棱附近也是相当不好观察的区域。对于花式钻，要更加细心，从更多角度进行观察。

4．内部点状包裹体与表面灰尘的区别

在观察较高净度钻石时，必须有效区别出表面灰尘和针点状内含物，不然，净度级别的判定可能发生相当大的错误。即使钻石在观察之前已被彻底地清洗干净，仍然会遇到这一难题。因为，在观察过程中，仍会不断有尘埃落到钻石上。解决的办法如下。

方法一：用棉签、毛刷等工具清除灰尘。但是，如果这些工具本身不够干净，就达不到清除的目的。

方法二：使用清洗液。把擦拭过的钻石浸入干净的清洗液中搅拌，取出后不待清洗液蒸发，立即进行观察。这时清洗液均匀地覆盖在钻石的表面，形成一层液体层，表面灰尘在液体中可以游动，而点状包裹体位置始终不变，此外使用清洗液可以减弱表面反光，更有利于观察钻石的内部。

方法三：用各种观察技巧来区别表面灰尘和内含物。可用的观察技巧有反射光观察法、平面对焦法、摆动观察法等。但这些方法只能在表面灰尘极少的情况下使用，并且需要更多的经验，往往不如方法二有效。

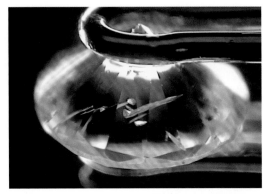

图 430　羽状纹

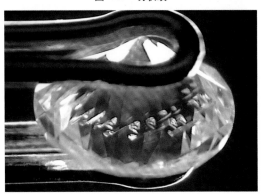

图 431　羽状纹的环状影像

图 432　额外刻面

图 433　原始晶面

5. 原始晶面、额外刻面的区分

额外刻面（图 432）是多余的抛光平面，不属于标准的 57/58 面的范畴，但额外刻面会跟 57 或 58 刻面一样进行抛光，因此刻面表面光滑、平整，具有明亮的金刚光泽。具体区分如下所示。

（1）位置区分

原始晶面只会出现在钻石腰围附近，额外刻面可以出现在钻石任何位置，但以腰围附近出现的概率高些。

（2）表面状况

原始晶面是钻石天然形成的，一般保留下来会有平行条纹、三角座（凹坑）或阶梯状纹理，光泽亮度介于抛光刻面和粗磨面之间，一般为油脂光泽（图 433）。

6. 抛光纹和内、外部生长纹的区分

内部生长纹，直接 10× 放大镜观察钻石内部，类似于显微镜的暗域照明，这时内部生长纹可以是白色线条，也可以是透明状，类似水波纹一样。

表面生长纹直接采用表面反射法观察效果明显，表面生长纹感觉是浮在钻石刻面上，不透明灰色调。具体区分如下所示。

（1）分布状态

抛光纹出现后相邻刻面上抛光纹方向不一样，刻面与刻面之间抛光纹是不连续的（图 434）。

内、外部生长纹是钻石晶体结构特征的反映，因此与钻石切磨抛光无关，不受刻面形态影响，分布在钻石内部和表面，纹理方向平行一致，刻面与刻面之间连续分布（图 435）。

（2）观察方法

抛光纹一般采用内反射法观察，即通过钻石内部观察对面刻面上是否有抛光纹。

7. 羽状纹与云状物的区分

通过钻石冠、亭部对比观察仔细判别：如果羽状纹裂口在冠部，在亭部见到影像概率很高；反之，裂口在亭部，那在冠部见到影像的概率很高。具体区分要点如下。

云状物是钻石内部实际存在的细小且局部弥散分布的物质（图 436），无论钻石怎样变换不同角度和位置，云状物的形态、大小和位置都不会发生改变。较淡云状物可借助酒精观察，钻石蘸酒精后，不待酒精挥发，直接观察，云状物会变得透明，能看到由很多小白点组成。

羽状纹是钻石裂隙呈一定宽度（图 437），有灰白色，有时裂隙会在钻石内部形成一定大小的影像。鉴定者通过变换位置和角度，通过影像大小、位置、形状的改变来判断裂隙实际所处位置，一般裂隙面由钻石表面向内部延伸，可以在相应钻石表面位置可以找到裂口。

图 434　抛光纹

图 435　生长纹

8. 内凹原始晶面、空洞、破口的区分

内凹原始晶面是内凹入钻石内部的天然结晶面。内凹面上常保留有阶梯状、三角锥状、平行条带状生长纹，多出现在钻石的腰部（图438）。

空洞是钻石内部的包裹体在切磨时崩掉留下的凹坑洞，凹陷处较深，边缘与洞口较为陡峭，洞口形状轮廓不规则（图439）。

破口呈明显的"V"字形，放大可见"V"字形面上也可有平行条纹或生长标记。

内凹原始晶面一般出现在腰围附近，空洞则出现于腰围以外的平整刻面上。破口主要集中于棱角或底尖处。

9. 深色包裹体与表面黑色印记区分

钻石表面黑色物质，在钻石大刻面或者刻面棱位置比较明显，呈黑色丝线状或者面状分布，主要是镊子或者其他金属物质在上面留下的刮痕。这些刮痕酒精无法清洗，需要用浓硫酸进行煮沸才能清洗。平时见到这种现象就需要凭经验判断。

首先正面观察黑色物质，黑色呈丝状、面状分布，仅限钻石表面，没有向内部延伸，平面状，无立体感。这时将钻石倾斜，变换观察角度，利用表面反射光线观察黑色物质位置，如果表面呈金属光泽的反光，而且颜色不是黑色，呈银白色，即可以判断为表面特征。如果倾斜观察仍为黑色，则可以判断为内部暗色包裹体（图440～图441）。

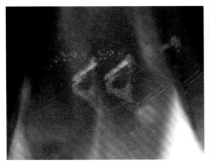

图 436　云状物

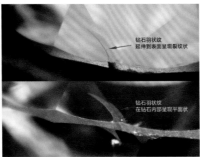

图 437　羽状纹

图 438　内凹原始晶面

图 439　空洞

图 440　表面刮痕（反射光）

图 441　深色包裹体及其影像（透射光）

第三节 钻石切工分级

切工在钻石的品质评价中同样占有重要的地位。钻石的美丽除了颜色、净度等自身因素外，更多地取决于人们对钻石精良的切割，后者能充分地展示出钻石好的亮度、火彩和闪烁效应，使钻石璀璨夺目。

钻石是人类迄今所发现的最坚硬的材料，发现于公元前 4 世纪的印度。钻石曾经象征着无上的权力，人们对其充满了敬畏，不敢进行加工。直到 14 世纪中叶，欧洲和印度的工匠才开始对钻石进行加工。

一、钻石切工分级定义

切工分级是通过测量和观察，从比率和修饰度两个方面对钻石加工工艺的完美性进行等级划分。

钻石切工分级对象主要针对标准圆钻型切工的钻石，标准圆钻型切工是由 57 或 58 个刻面按一定规律组成的圆多面型切工（详见《查询手册》图 1）。

二、钻石切工分级方法及流程

钻石切工分级可以通过仪器测量和 10× 放大镜目测获得相关数据并进行评价，不管使用哪种方法获得数据，根据《GB/T 16554-2017 钻石分级》国家标准规定，切工分级流程如《查询手册》图 25 所示。

三、钻石比率评价

钻石切工比率的主要评价指标有：台宽比、冠角（α）、亭角（β）、冠高比、亭深比、腰厚比、底尖比、全深比、α+β、星刻面长度比、下腰面长度比等项目。

1. 比率的定义

比率亦称为比例，是指各部分相对于平均腰围直径的百分比。

直径：钻石腰部圆形水平面的直径。其中最大值称为最大直径，最小值称为最小直径，（最大直径 + 最小直径）/2 的值称为平均直径。

标准圆钻型各部分长度及角度见《查询手册》图 11，各比率值定义见《查询手册》表 4。

2. 常见比率评价

钻石的比率值测量方法主要有两种，仪器测量和 10× 放大镜下目测法。

仪器测量主要利用钻石比例仪（手动和全自动）、千分尺、比率分析目镜等仪器、工具进行测量，这种方法多应用于实验室。

10× 放大镜目估法主要用于贸易中。本书主要针对 10× 放大镜目估法进行详细介绍。

目估法借助于 10× 放大镜估测钻石的各个比率值，是目前钻石分级中最常用亦是最简便、经济的方法，特别是在贸易中尤为重要，主要集中于台宽比、亭深比、腰厚比、冠角、底尖比、星刻面长度比、下腰面长度比等。而超重比、全深比可以通过简单工具测量及计算得出具体数据。

（1）台宽比的目估

测量方法主要有弧度法（表 24）和比率法。根据取点位置的不同，比率法又细分为两种。

a）弧度法

采用弧度法估计钻石台宽比时，一定要从钻石台面的正上方去观察，如果观察方向不与台面垂直，则估计出来的误差会较大。一般来说，从台面上方观察钻石，将钻石的底尖调整到台面的中心点，则是最理想的观察方向。另一个需要注意的问题是放大镜的焦平面应聚焦于台面和星刻面构成的正方形棱线（图 442~图 443）。

表 24　弧度法

方法名称	定义	操作方法	具体评价操作细则		
弧度法	利用台面棱与相邻的两个星小面棱组成的线段（即台面上近似正方形的一条边）的弯曲程度来目测台面的百分比，弧度法受各刻面大小和对称性的影响。	步骤一：观察台面棱与相邻的两个星小面棱组成的线段的弯曲程度。 步骤二：估算星小面与相腰小面相对长度比例，对步骤一的值进行修正。	**弯曲程度描述** / **台宽比(%)** 明显向内弯曲 / 53% 稍微内弯曲 / 58% 呈现一条直线 / 60% 稍微向外弯曲 / 63% 明显向外弯曲 / 67%	1、当星小面与上腰小面等长时，步骤一结果不需要修正。 2、当星小面长度大于上腰小面时，步骤一结果加 1%～6%； 3、当星小面长度小于上腰小面时，步骤一结果减 1%～6%； 一般星小面长度和上腰小面两者长度相差一倍时，加减 6%；相差很小时不需加减，其他情况酌情处理。	

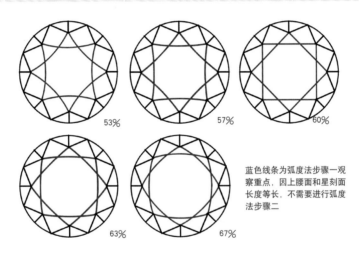

53%　57%　60%

63%　67%

蓝色线条为弧度法步骤一观察重点，因上腰面和星刻面长度等长，不需要进行弧度法步骤二

图 442　星小面与上腰小面等长情况下，台宽比步骤一实施要点

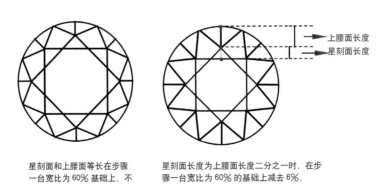

上腰面长度
星刻面长度

星刻面和上腰面等长在步骤一台宽比为 60% 基础上，不需要进行台宽比的修正

星刻面长度为上腰面长度二分之一时，在步骤一台宽比为 60% 的基础上减去 6%，最终台宽比为 54%

图 443　台宽比为 60% 时，星刻面与上腰刻面不等长情况下台宽比的增减

b）比率法

采用比率法估计钻石台宽比时，一定要从钻石台面的正上方去观察，如果观察方向不与台面垂直，则估计出来的误差会较大。一般来说，从台面上方观察钻石，将钻石的底尖调整到台面的中心点，则认为是最理想的观察角度。另一个需要注意的问题是放大镜的焦平面应聚焦于上腰棱线，而不是台面。

根据取点位置的不同，比率法细分为比率法1和比率法2（图444）。

比率法1：以底尖作为中心点B，向八边形台面的边引垂线，与台面边交于点A，延长线段BA至圆周，与圆交于点C，利用 AC ：AB 比值可以确定台面大小（图445）。

比率法2：以底尖作为中心点B，向八边形台面的角连线，与台面角交于点A，延长线段BA至圆周，与圆交于点C，利用 AC ：AB 比值可以确定台面大小（图446）。

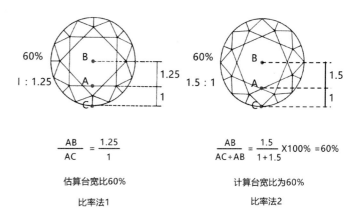

$$\frac{AB}{AC} = \frac{1.25}{1}$$

估算台宽比60%

比率法1

$$\frac{AB}{AC+AB} = \frac{1.5}{1+1.5} \times 100\% = 60\%$$

计算台宽比为60%

比率法2

图 444　比率法1和比率法2对比

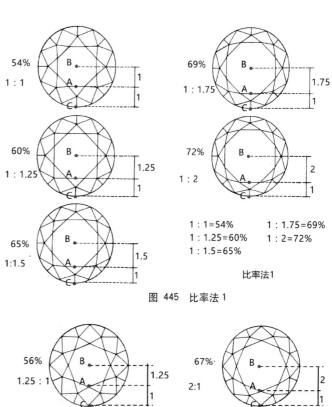

1 : 1=54%　　1 : 1.75=69%
1 : 1.25=60%　1 : 2=72%
1 : 1.5=65%

比率法1

图 445　比率法1

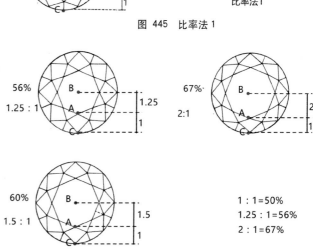

1 : 1=50%
1.25 : 1=56%
2 : 1=67%

比率法2台宽比计算公式：$\dfrac{AB}{AB+AC} \times 100\%$

图 446　比率法2

（2）亭深比的目估

测量方法主要有台面影像法（图447）和亭部侧视法（图448）。

a）台面影像法

通过台面影像法目测钻石亭部深度，把钻石台面朝

上，底尖位于台面中心，通过台面目测由亭部刻面对台面反射形成的影像与台面的比例，从而推断亭部的深度（图449）。目测时只要注意影像在亭部主小面的半径长度与台面宽度的一半的比值（表25）。

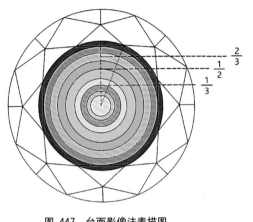

图 447　台面影像法素描图

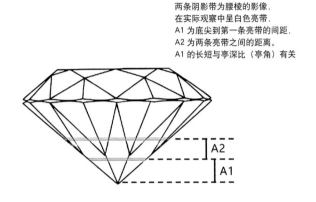

两条阴影带为腰棱的影像，
在实际观察中呈白色亮带，
A1 为底尖到第一条亮带的间距，
A2 为两亮带之间的距离。
A1 的长短与亭深比（亭角）有关

图 448　亭部侧视法估算亭深比原理

表 25　台面影像法测量亭深比影像关系对比表

亭深比	现象
39 – 40%	整个亭部暗，鱼眼效应，可见腰部影像（图450~图451）
41 – 42%	星刻面反射影所形成的蝴蝶结状阴影面积半径略小于台面半径的三分之一，大约四分之一（图452~图453）
43%	星刻面反射影所形成的蝴蝶结状阴影面积半径为台面半径的三分之一（图454）
44%	星刻面反射影所形成的蝴蝶结状阴影面积半径介于台面半径的三分之一与二分之一之间（图455）
45%	星刻面反射影所形成的蝴蝶结状阴影面积半径为台面半径的二分之一（图456）
46%	星刻面反射影所形成的蝴蝶结状阴影面积半径介于台面半径的二分之一与三分之二之间（图457）
47%	星刻面反射影所形成的蝴蝶结状阴影面积半径为台面半径的三分之二（图458）
48%	星刻面反射影所形成的蝴蝶结状阴影面积半径稍大于台面半径的三分之二（图459）
49%	星刻面反射影所形成的蝴蝶结状阴影占整个台面，黑底效应（图460）
50%	星刻面反射影所形成的蝴蝶结状阴影扩散到三角小面（图461）

完美的台面反射影像

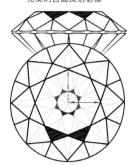

台面反射影像的轮廓
通常由亭部主刻面上所见的星刻面反射影
所形成的蝴蝶结状图案组成

不完美的台面反射影像

星刻面反射影像
很少围成完美的台面反射影像，
即使部分倾斜或者残缺，
还是可以协助找到台面反射影像

以红色箭头区域中星刻面影像（深蓝色部分）将亭部主刻面分为橙色和绿色两部分
亭深比为橙色箭头部分和红色箭头部分的比值

图 449　台面影像法原理

亭深比：≤ 39%

未见台面影像
可见腰部的
完整圆形影像；

也称 "鱼眼效应"

灰色：表示腰围影像阴影

图 450　亭深比 ≤ 39%

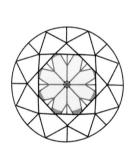

亭深比：40%

台面影像半径
小于台面实际半径三分之一；
腰围圆形影像
可见一半以上比例

灰色：表示影像阴影

图 451　亭深比 40%

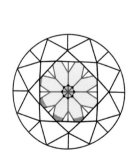

亭深比：41%

台面影像半径
小于台面实际半径三分之一；
腰围圆形影像
仅见一半或者更低比例

灰色：表示影像阴影

图 452　亭深比 41%

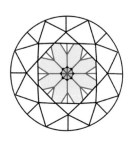

亭深比：42%

台面影像半径
小于台面实际半径三分之一；
腰围圆形影像 不可见

灰色：表示影像阴影

图 453　亭深比 42%

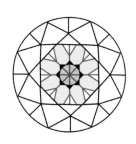

亭深比：43%

台面影像半径
等于台面实际半径三分之一

灰色：表示影像阴影

图 454　亭深比 43%

台面影像半径
等于
台面实际半径
三分之一

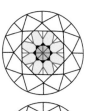

台面影像半径
等于
台面实际半径
到二分之一

亭深比：44%

台面影像半径
介于台面实际半径的三分之一
到二分之一之间

灰色：表示影像阴影

图 455　亭深比 44%

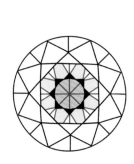

亭深比：45%

台面影像半径
等于台面实际半径的二分之一

灰色：表示影像阴影

图 456　亭深比 45%

台面影像半径
等于台面实际半径
的二分之一

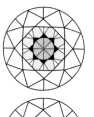

亭深比：46%

台面影像半径
介于台面实际半径的二分之一
到三分之二之间

灰色：表示影像阴影

台面影像半径
等于台面实际半径
到三分之二

图 457 亭深比 46%

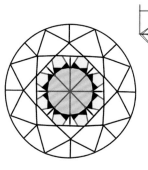

亭深比：47%

台面影像半径
等于台面实际半径的三分之二

灰色：表示影像阴影

图 458 亭深比 47%

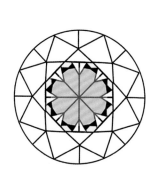

亭深比：48%

台面影像半径
略大于台面实际半径的三分之二

灰色：表示影像阴影

图 459 亭深比 48%

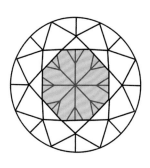

亭深比：49%

台面影像半径
等于台面实际半径

灰色：表示影像阴影

图 460 亭深比 49%

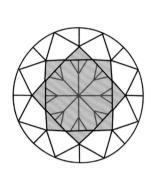

亭深比：50%

台面影像半径
大于台面实际半径

灰色：表示影像阴影

图 461　亭深比 50%

b）亭深比侧视法

在 10× 放大镜下，从侧面平行于腰棱平面方向观察圆钻，可以看到腰棱经亭部刻面反射后形成的两条（或一条）亮带（图 462）。克鲁帕尔博格（Kluppelberg）博士最早（1940 年）发现亮带的位置与两亮带之间的距离与亭部角或亭部深度有联系。从底尖到最近的一条亮带的间距（A1）与该亮带到另一条亮带的间距（A2）的比值越大，亭深也越大。并且，当亭深很浅时，如小

于 40%，A1 消失，只剩下一条亮带。亭深很大时，两条亮带很明显，而且 A1 与 A2 比值很大，根据这一现象，很容易区别具有很浅与很深亭部的圆钻（图 463）。

观察时你也许会发现，亮带本身的宽度或明亮度或形态因不同的钻石样品而不同。这是因为，不同的钻石会有不同状况的腰棱，有的薄，有的厚，有的抛光，有的粗糙。而亮带是腰棱的影像，所以也会有各自的特征。

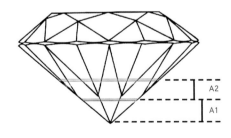

两条阴影带为腰棱的映像，
在实际观察中呈白色亮带，
A1 为底尖到第一条亮带的间距，
A2 为两条亮带之间的距离。
A1 的长短与亭深比（亭角）有关

图 462　亭深比侧视法

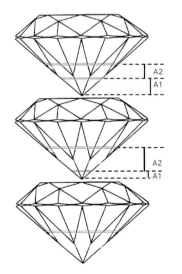

亭深比（亭角）比较大时（如 46%）
A1 明显，A1 与 A2 比值也大

亭深比（亭角）比较小时（如 41%）
A1 不明显，往往就在底尖上

亭深比（亭角）小于 40% 时（如 38%）
A1 消失，这通常预示将出现"鱼眼"现象

图 463　亭深比侧视法操作思路

（3）冠角的目估

测量方法主要有底部主小面影像法和横断面直接目测法。

a）横断面直接目测法

横断面直接目测法是使用镊子夹住钻石的腰部（腰平面要与镊子垂直）直接目测，或用镊子夹住钻石的台面和底尖，借助细针与钻石腰平面成一直角，目测冠部角度。目测时最好先熟悉直角二等分（45°）、三等分（30°）的角度，以提高目测的精度（图464）。

b）亭部主刻面影像法

亭部主刻面影像法是将钻石台面朝上放置，目测亭部主刻面在台面边缘的影像宽度（B）与其在冠部主刻面边缘的影像宽度（A）之比值，冠部角度的大小与比值有关（见《查询手册》图17）。

用这种方法进行目估时，首先必须知道台面的大小，然后根据台宽比，按照相应的比值进行对比（表26）。

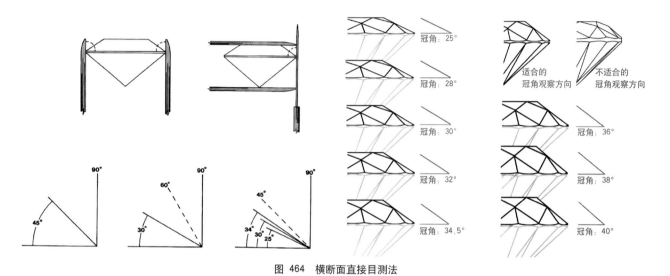

图 464　横断面直接目测法

表 26　台宽比为 60% 时，亭部主刻面法观察到影像比对应冠角大小

A：B	冠角度数	描述
1:1	25°	两段影像看起来宽度相同
1.5:1	30°	冠部主刻面内的影像稍宽
1.75:1	32°	冠部主刻面内的影像看起来接近台面内影像长度的 2 倍
2:1	34°	冠部主刻面内的影像看起来为台面内影像宽度 2 倍
2.25:1	36°	冠部主刻面内的影像看起来稍宽于台面内影像宽度 2 倍
2.5:1	39°	冠部主刻面内的影像看起来明显宽于台面内影像宽度的 2 倍
	40° 及以上	可见整个亭部主刻面的反射影像，有时候甚至会看到底尖影像

（4）腰厚的目估

腰部厚度的估计是观察上腰小面与下腰小面或冠部主刻面与亭部主刻面所处部位的厚度。一般钻石腰部厚度约为钻石直径的 2% ~4%。

同一颗钻石，在腰部的不同地方，其厚度在一定范围内是变化的。

腰厚比的目估以 10× 放大镜为准，首先分为薄、中、厚三个等级，再进一步划分为：极薄、薄、适中、厚、极厚五个级别（图 465 ~图 467），腰厚等级文字描述见表 27，腰厚目估比率见《查询手册》图 15。

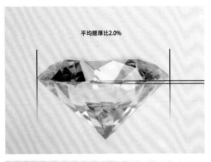
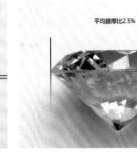

图 465　腰厚评价：适中（2.0 ~ 4.5％）

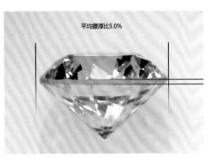

图 466　腰厚评价：厚（5.0％ ~ 7.5％）

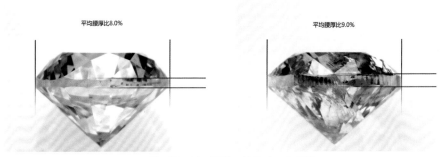

平均腰厚比8.0%　　　平均腰厚比9.0%

图 467　腰厚评价：极厚（＞8.0%）

表 27　腰厚评价表

评价级别	程度描述	腰厚比例
极薄	10× 放大镜下腰围呈刀刃状，边缘锋利	一般小于 0.5%
薄	10× 放大镜下腰围，呈线状，肉眼下勉强可见	一般为 1.0%～1.5%
适中	10× 放大镜下可见一个窄条状的腰围，肉眼下可见一条细线	一般为 2.0%～4.5%
厚	10× 放大镜可很明显看到腰围宽窄变化，肉眼明显可见	一般为 5.0%～7.5%
极厚	10× 放大镜可很不美观，肉眼很容易见到，则腰部严重漏光，钻石基本没有亮度和火彩	超过 8%

表 28　腰围打磨情况分类表

腰围打磨状况	腰围打磨状况描述
粗磨腰	钻石在抛光打磨后保留下的粗糙的腰部，质地像磨砂玻璃的表面，类似于砂糖颗粒感觉。经常在粗磨腰上可以看到原始晶面和须状腰（图 474）
抛光腰	腰围被抛光形成光滑的弧面（图 475）
刻面腰	整个腰围由若干个小刻面拼接起来，刻面光滑（图 476）

应注意的是，同样腰厚比的钻石，钻石越大，腰显得越厚，钻石小，则腰显得薄。

腰厚不均匀时要换不同位置观察，取平均值。腰过薄易损伤，过厚太笨重，不易镶嵌，并且光线损失，影响亮度与火彩。

此外根据钻石腰围抛磨状态，通常腰围有三种单一打磨状态（图468~图470），具体见表28。实际观察中，钻石腰围可能出现多种打磨状态（图471），观察记录时以实际情况为准。

（5）底尖大小的目估

底小面是钻石中最小的一个刻面，与台面平行，与台面形状相似，对钻石的明亮度影响较小，在现代标准圆钻型中少见，常见于老矿琢型（Old-Mine Cut）、古典欧洲琢型（Old-European Cut）等接近现代明亮式琢型中（图472~图473）。

图468　粗磨腰，钻石在抛光打磨后保留下的粗糙的腰部，质地像磨砂玻璃的表面，类似于砂糖颗粒感觉。经常在粗磨腰上可以看到原始晶面和须状腰

图469　抛光腰，腰围被抛光形成光滑的弧面

图470　刻面腰，整个腰围由若干个小刻面拼接起来，刻面光滑

图471　腰围混合打磨状态的钻石（粗磨腰、刻面腰）

图472　老矿工琢型的底尖小面

图473　古典欧洲琢型

通常大于 1ct 的钻石才磨底小面，1ct 以下的钻石一般不磨底小面；底小面过大，正面入射的光线从底小面漏出钻石，台面下呈一小黑点；没有底小面的钻石有一个锐利的底尖，在夹持、镶嵌时非常容易受损，底尖破损后从台面下观察，底小面部位呈一小白点；底尖破损用小破、中破、大破进行描述，通常在净度分级中考虑，不算作底尖比；对于底尖大破的钻石，亭深变浅，进行亭深比估计时应注意进行修正（见《查询手册》图 16）。

底尖大小的目估亦以 10× 放大镜为条件，可分为如下几个类型（表 29）。

（6）下腰面长度比的目估

将钻石的底尖向上，10× 放大镜下垂直观察，将底尖到腰围边缘的距离视为 100%，目估下腰面共棱线的长所占百分比，见《查询手册》图 18。

若下腰面共棱线的长为底尖到腰围边缘距离的 1/3，则对应下腰面长度比为 35%。

若下腰面共棱线的长为底尖到腰围边缘距离的 1/2，则对应下腰面长度比为 50%。

若下腰面共棱线的长为底尖到腰围边缘距离的 2/3，则对应下腰面长度比为 65%。

若下腰面共棱线的长为底尖到腰围边缘距离的 3/4，则对应下腰面长度比为 75%。

按照顺 / 逆时针方向估计全部 8 对下腰面后，求平均值，并取最接近 5% 的，下腰面长度比多为 70%~85%。

（7）星刻面长度比的目估

10× 放大镜下垂直钻石台面观察，以台面边缘线到腰围的距离视为 100%，目估星刻面所占百分比，如：

若星刻面宽为台面边缘到腰围距离的 1/3，则对应星刻面长度比为 35%；

若星刻面宽为台面边缘到腰围距离的 1/2，则对应星刻面长度比为 50%；

若星刻面宽为台面边缘到腰围距离的 2/3，则对应星刻面长度比为 65%；

若星刻面宽为台面边缘到腰围距离的 3/4，则对应星刻面长度比为 75%；

按照顺 / 逆时针方向估计全部 8 个星刻面后，求平均值，并取最接近 5% 的，星刻面长度比多为 50%~55%。除此之外，长星刻面（65% ~ 70%）比短星刻面常见，小于 35% 的星刻面少见（见《查询手册》图 19）。

表 29 底尖大小评价表

评价级别	程度描述	底尖比例
底尖极小	10× 放大镜底尖呈点状	<1.0%
底尖小	10× 放大镜下几乎看不到底尖是一个面	1.0% ~2.0%
底尖中等	10× 放大镜下可见底尖呈小面状	2.0% ~4.0%
底尖大	10× 放大镜可见一个完整的刻面	>4.0%

3.影响比率评价的其他因素

（1）超重比例

超重比例，实际克拉重量与建议克拉重量的差值相对于建议克拉重量的百分比（图474）。

根据待分钻石的平均直径，查钻石建议克拉重量表得出待分级钻石在相同平均直径，标准圆钻型切工钻石的建议克拉重量，计算超重比率，根据超重比例，见《查询手册》表8得到比率级别（《查询手册》图20）。其中平均腰围直径的取值方式为最大直径数值和最小直径数值的平均值。

$$超重比例 = \frac{实际克拉重量 - 建议克拉重量}{建议克拉重量} \times 100\%$$

$$平均腰围直径 = \frac{最大腰围直径 + 最小腰围直径}{2}$$

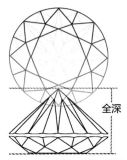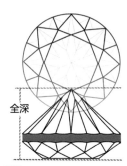

全深 = 冠高 + 腰身 + 亭深
全深比：全深相对于平均直径的百分比
全深比 =（全深／平均直径）×100%

图 474　这两粒钻石具有相同的腰围直径，正面看起来大小相同，但是侧面可见不一样的腰围厚度，右边的钻石在不影响冠部各个比率的条件下增加了全深比，从而影响超重比

（2）刷磨和剔磨

10× 放大条件下，由侧面观察腰围最厚区域，理想状态下，上腰面与下腰面联结点之间的厚度应等于冠部主刻面与亭部主刻面之间的。

实际观察中，常见上腰面与下腰面联结点之间的厚度和冠部主刻面与亭部主刻面之间厚度相差较大，形似一头粗大一头细小的筒子骨，俗称骨状腰。骨状腰会导致单翻效应，从台面观察钻石的亭部刻面出现明暗相间的现象。骨状腰可按照相邻上腰面与下腰面联结点之间的厚度和冠部主刻面与亭部主刻面之间厚度高低不同，分成剔磨和刷磨两种类型。

刷磨，上腰面与下腰面联结点之间的厚度，大于冠部主刻面与亭部主刻面之间厚度的现象，如图475。

剔磨，上腰面与下腰面联结点之间的厚度，小于冠部主刻面与亭部主刻面之间厚度的现象，如图476。

10× 放大条件下，由侧面观察腰围最厚区域，根据剔磨和刷磨的严重程度可分为无、中等、明显、严重四个级别，不同程度和不同组合方式的刷磨和剔磨会影响比率级别，严重的剔磨和刷磨可使比率级别降低一级，具体见《查询手册》表10。

4.钻石的比率级别

钻石比率级别分为5个，分别是极好（Excellent，简写为EX），很好（Very good，简写为VG），好（Good，简写为G），一般（Fair，简写为F），差（Poor，简写为P）。

比率级别依据基本切磨比率级别、超重比例、剔磨或刷磨三项决定。比率级别由全部测量比率要素中最低级别表示。其中基本切磨比率级别由冠角（α）、亭角（β）、冠高比、亭深比、腰厚比、底尖比、全深比、α+β、星刻面长度比、下腰面长度比等项目确定各项目对应的级别。

比率评价流程如图477，具体评价参数见《GB/T 16554-2017钻石分级》附录中的比率分级表。

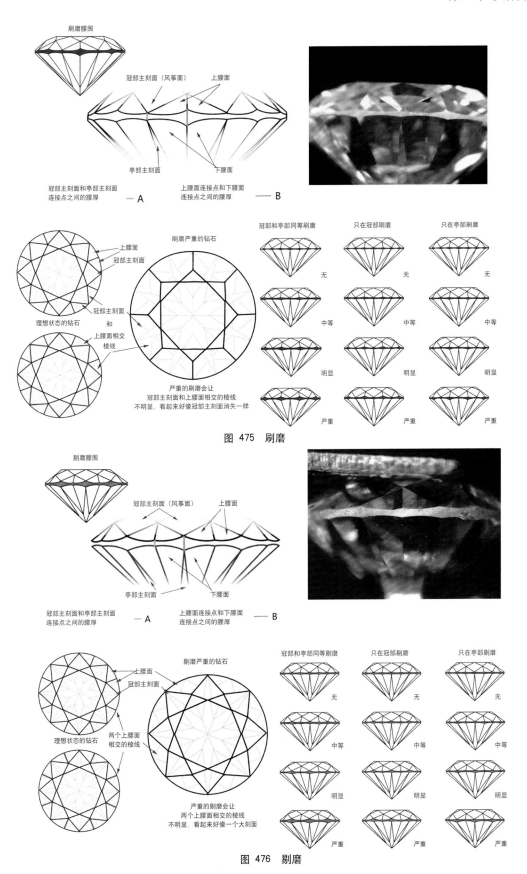

图 475 刷磨

图 476 剔磨

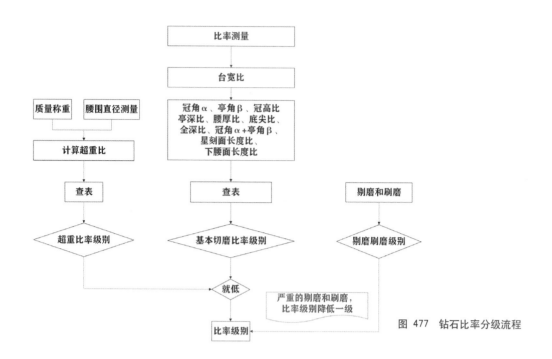

图 477　钻石比率分级流程

5.比率对钻石切工的影响

（1）台面大小对钻石切工的影响

台面是钻石当中最大、最显著的一个刻面，台面的大小对钻石的亮度和火彩都有直接的影响，台宽比则是衡量台面大小的重要数值。正常情况下台宽应在"很好"的范围内。随着台面的增大，钻石亮度增加但火彩会逐渐降低；而台面减小，会使钻石的火彩增强但亮度降低（图 478）。

实际观察中可以通过观察钻石台面在亭部的影像完整程度来初步判断钻石切工比率的优劣（图 479）。

（2）亭部深度对钻石切工的影响

亭部深度也是直接影响钻石切工的重要因素，正常的亭深比应在 41.5% –45.0% 范围内变化。

如果亭深比低于 40% 则会产生"鱼眼"效应，所谓"鱼眼"是指从钻石台面观察可以看到在钻石的台面内一个白色的圆环，环内则为暗视域，像鱼的眼睛一样（图 480 ～图 481）。这是由于亭深过浅使钻石腰围在亭部成像形成一个闭合的白色圆环，白色是粗面腰围的特点。

如果钻石的亭深过大，则会使钻石产生"黑底"现

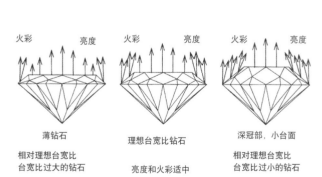

图 478　台宽比大小与钻石亮度、火彩的关系

图 479　通过台面影响判断钻石切工比率的优劣

象，即从钻石冠部观察，钻石亭部是暗淡无光的，又称为"死石"（图 482～图 483）。黑底是由于亭部角度太大，使从钻石冠部入射的光线在亭部刻面时的入射角小于钻石的临界角，从而使光线不能发生全反射而从钻石的亭部漏掉，正是这种漏光才产生黑底。

（3）其他比率值对钻石切工的影响

一粒钻石一旦被切割好，其各个比率值都是相互之

间联系着的。例如，冠部角不变，台面宽度变大，就会使冠部高度变小；反之，台宽变小，会使冠部高度变大（图 484）。同样的，如果一颗钻石冠高和亭深是确定的，其全深比越大，则说明腰越厚（图 485）。正常情况下钻石的腰厚比应在 2.0%～4.5% 之间，如果腰厚过大会使钻石显得过于笨重，过厚的腰会使相同质量的钻石看起来要比薄腰的钻石小；但腰厚太薄使腰围较尖锐，很容易造成腰围的破损以至影响钻石的整体外观。

图 480 钻石"鱼眼"效应

图 481 钻石"鱼眼"效应素描图

图 482 钻石"黑底"现象

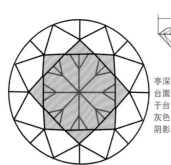

图 483 钻石"黑底"现象素描图

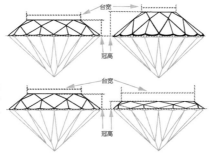

图 484 冠部角不变，台面宽度变大，就会使冠部高度变小

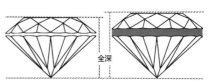

图 485 冠高和亭深是确定的，其全深比越大，则说明腰越厚

四、钻石修饰度评价

修饰度是对钻石抛磨工艺的评价，即指钻石切磨工艺优劣程度，分为对称性和抛光性两个方面的评价。

1. 对称性评价

（1）对称性评价要素

对称性是对切磨形状，包括对称排列、刻面位置等精确程度的评价。影响对称性的要素特征可分为可测量对称性要素和不可测量对称性要素。

a）可测量对称性要素

包括：腰围不圆、台面偏心、底尖偏心、台面／底尖偏离、冠高不均、冠角不均、亭深不均、亭角不均、腰厚不均、台宽不均，共10项。

i. 腰围不圆

从不同的位置测量，钻石腰围直径不等。钻石腰围不圆是较常见的现象，一般来说，腰围的最大直径和最小直径之间相差超过平均直径的百分之二，即视为不圆（图486）。

ii. 台面偏心

台面偏心是指台面不居中，向边部偏离。台面偏心将直接导致刻面畸形，同时也会影响台宽比的目估（图487）。

iii. 底尖偏心

从侧面观察钻石，底尖不在中心对称点上，从台面观察底尖偏离台面中心点（图488）。

iv. 台面／底尖偏离

台面中心点与底尖不在同一垂线上，即台面与底尖朝相反方向有位错（图489）。

正常钻石　　　　　　　　腰围不圆钻石

额外刻面

图 486　腰围不圆

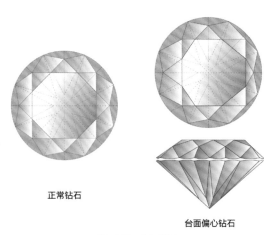

正常钻石

台面偏心钻石

图 487　台面偏心

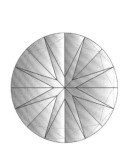

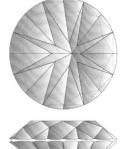

正常钻石

底尖偏心钻石

图 488　底尖偏心

正常钻石　　　　　　　　台面/底尖偏离钻石

图 489　台面／底尖偏离

v. 冠高不均

正常情况下，钻石的台面和腰围所在平面应是平行的。但如果切磨失误，会造成台面和腰平面不平行，这两个平面呈一定的夹角，侧面观察，最明显位置，冠部高度会呈现左右高低不一致情况，这种偏差是较严重的修饰偏差，可影响亮度和火彩（图 490）。

vi. 冠角不均

结合比率评价表，钻石 8 个冠角出现一个等级以上的偏差。台面偏心的钻石中常见冠角不均（图 491）。

vii. 亭深不均

是指腰围所在的平面不是一个与台面平行的平面，而呈上下波浪起伏，高低起伏位置对应的亭深不一致。亭深不均会造成钻石的 "领结效应"。"领结效应" 是指由于波状起伏的腰围造成亭部角度变化，在亭部相对应的两个方向上漏光，出现的黑暗区域，形似领结。

《GB/T 16554-2017 钻石分级》标准中术语 "亭深不均"，在《GB/T 16554-2010 钻石分级》标准中对应为术语为 "波状腰"（图 492）。

viii. 亭角不均

结合比率评价表，钻石 8 个亭角出现一个等级以上的偏差。底尖偏心的钻石中常见亭角不均（图 493）。

正常钻石　　　　　　冠高不均钻石

图 490　冠高不均

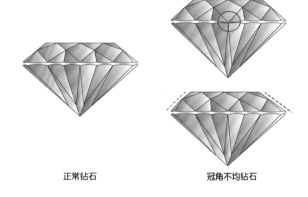

正常钻石　　　　　　冠角不均钻石

图 491　冠角不均

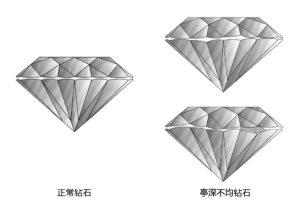

正常钻石　　　　　　亭深不均钻石

图 492　亭深不均

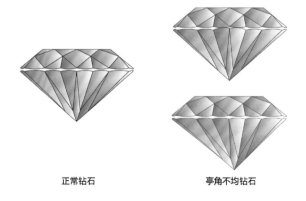

正常钻石　　　　　　亭角不均钻石

图 493　亭角不均

ix. 腰厚不均

正常情况下腰围厚度应该是比较均一的。腰的厚薄不均的现象有两种情况：一种是腰的厚薄发生等级跳跃（图494）；另一种是腰围的最大厚度有规律的变化，或更确切地说相邻两个腰围最大厚度相差较大，形似一头粗大一头细小筒子骨，这种腰会导致单翻效应，从台面观察钻石的亭部刻面出现明暗相间的现象。

x. 台宽不均

正常情况下，钻石台面应该是正八边形。如果切磨不当，八边形的八条边不一样长，八个内角不一样大小（图495）。

b）不可测量对称性要素

包括：冠部与亭部刻面尖点不对齐、刻面尖点不尖、刻面缺失、刻面畸形、额外刻面、天然原始晶面，共6项。其中额外刻面和天然原始晶面也属于净度分级中外部特征，在这里就不做重复表述。

i. 冠部与亭部刻面尖点不对齐

从腰部观察，冠部刻面的交汇点与相应的亭部刻面交汇点不在同一垂直方向上。这种偏差是由于在打磨上下主刻面时，旋转角度不同而使上、下相应的主刻面发生错位，进而导致其他的刻面及其交汇点发生错动（图496）。

ii. 刻面尖点不尖

刻面的棱线没有在适当的位置上交汇成一个点。最常见的是冠部与亭部主刻面的棱线在腰围处呈开放状或提前闭合，造成这种偏差的主要原因是在打磨刻面时角度掌握不当（图497）。

正常钻石　　　　　　　　腰厚不均钻石

图 494　腰厚不均

正常钻石　　　　　　　　台面不均钻石

图 495　台宽不均

正常钻石　　　冠部与亭部刻面尖点不对齐钻石

图 496　冠部与亭部刻面尖点不对齐

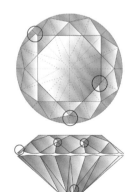

正常钻石

刻面尖点不对齐钻石

图 497　刻面尖点不尖

iii. 刻面缺失

钻石的刻面数量与标准圆钻型情况不符合，例如理想情况为8个星刻面，实际只有7个或者更少（图498）。

iv. 刻面畸形

除台面以外的钻石刻面出现不对称的情况，例如星刻面形状为等腰三角形，当星刻面为不等边三角形或等边三角形时，记录为刻面畸形（图499）。

v. 额外刻面和天然原始晶面

额外刻面（图500）和天然原始晶面（图501）也属于净度分级中外部特征，在这里就不做详细表述。

（2）对称性级别划分

对称性评价可划分为5个级别，分别是极好（Excellent，简写为EX），很好（Very good，简写为VG），好（Good，简写为G），一般（Fair，简写为F），差（Poor，简写为P）。以可测量的对称性要素级别和不可测量对称性要素级别中的较低级别为对称性级别。

a）可测量的对称性要素级别划分规则

可测量的对称性要素级别依据《查询手册》表36的各测量项目级别，由全部测量项目中最低级别表示。

b）不可测量的对称性要素级别的划分规则

不可测量的对称性要素级别依据具体见《查询手册》表37。

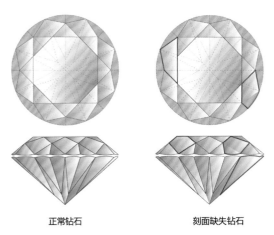

正常钻石　　　　　　　刻面缺失钻石

图 498　刻面缺失

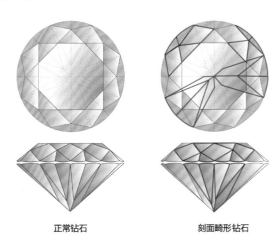

正常钻石　　　　　　　刻面畸形钻石

图 499　刻面畸形

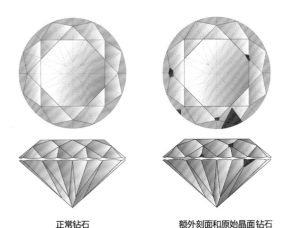

正常钻石　　　　额外刻面和原始晶面钻石

图 500　额外刻面和天然原始晶面

图 501　天然原始晶面（左）和额外刻面（右）

2．抛光评价

（1）抛光评价要素

抛光是指对切磨抛光过程中产生的外部特征影响抛光表面完美程度的评价，常见影响抛光级别的要素有：抛光纹、刮痕、烧痕、缺口、棱线磨损、击痕、粗糙腰围、"蜥蜴皮"效应、黏杆烧痕。其中粗糙腰围是钻石在抛光打磨后保留下的粗糙的腰部，质地像磨砂玻璃的表面，类似于砂糖颗粒感觉。在粗磨腰上经常可以看到原始晶面和须状腰（图502）。

除了粗糙腰围外的特征，绝大多数特征也属于钻石净度分级的外部特征，这里不重复表述。

图 502　粗糙腰围和须状腰

（2）抛光级别划分

抛光评价是指对切磨抛光过程中产生的外部特征影响抛光表面完美程度的评价。抛光评价可划分为5个级别，分别是极好（Excellent，简写为EX）、很好（Very good，简写为VG）、好（Good，简写为G）、一般（Fair，简写为F）、差（Poor，简写为P），见《查询手册》表38。

3．修饰度级别

钻石修饰度级别分为5个，分别是极好（Excellent，简写为EX）、很好（Very good，简写为VG）、好（Good，简写为G）、一般（Fair，简写为F）、差（Poor，简写为P）。

修饰度级别由对称性级别和抛光级别决定。修饰度级别由修饰度要素中最低级别表示。其中可测量对称性级别由腰围不圆、台面偏心、底尖偏心、台面/底尖偏心、冠高不均、冠角不均、亭深不均、亭角不均、腰厚不均、台宽不均等要素数量决定。

修饰度评价流程图见《查询手册》图23，具体评价参数见《GB/T 16554-2017钻石分级》分级表。

五、钻石切工级别划分规则

切工级别可分为：极好（Excellent，简写为EX）、很好（Very good，简写为VG）、好（Good，简写为G）、一般（Fair，简写为F）、差（Poor，简写为P）五个级别。

切工级别根据钻石比率级别和修饰度（对称性级别、抛光级别）进行综合评价。具体根据比率级别和修饰度级别，查《查询手册》表40得出切工级别。

◆ 课外阅读4：圆钻型琢型的演变过程

◆ 课外阅读5：常见花式钻石琢型

第四节　钻石克拉重量

一、钻石克拉重量定义

钻石的重量，既可用精密的电子或机械天平直接称量（对未镶嵌钻石而言），也可用各种量规（如 Leveridge Gauge、Moe Gauge 和 Screw Micrometer）（图 503~图 504）、钻石筛（Diamond Sieve）（图 505）以及尺寸—重量计算法（主要用于已镶嵌钻石的重量估算）（图 506）等获得。

克拉是宝石交易中最常使用的重量计量单位之一。国际上钻石交易统一使用克拉（Carat）作为重量单位，用 "ct" 表示。克拉一词起源于地中海沿岸所产的一种洋槐树果实（克拉豆）的名称。这种树的种子干了以后，其重量非常稳定，为 1/5g（0.2g），因而被商人用来作为衡量宝石的重量。小于 0.2ct 钻石称为小钻（melee），通常成包销售而不是单颗销售。

1ct = 0.2g

1ct 常划分为 100 分（point 简称 pt）

1ct = 100pt

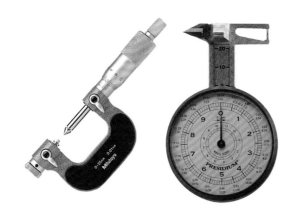

图 503　钻石量规

图 504　钻石量规

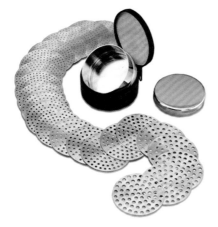

图 505　钻石筛

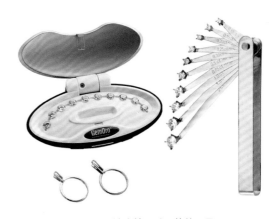

图 506　镶嵌钻石重量估算工具

二、钻石重量表示方法

钻石分级国家标准《GB/T 16554-2017 钻石分级》中规定：钻石的质量单位为克（g）。钻石贸易中仍可用"克拉（ct）"作为克拉重量单位。1.0000g=5.00ct。

钻石的质量表示方法为：在质量数值后的括号内注明相应的克拉重量。例 0.2000g（1.00ct）。钻石贸易中可用克拉重量表示，例 0.2000g 钻石的克拉重量表示为 1.00ct。

钻石的质量根据其流通领域分为钻坯和抛光钻石两种，具体分类见表30。

三、钻石重量获取

1. 直接称量

用分度值不大于 0.0001g 的天平称量，质量数值保留至小数点后第 4 位。换算为克拉重量时，保留至小数点后第 2 位。克拉重量小数点后第 3 位逢 9 进 1，其他可忽略不计。

当使用分度值不大于 0.00001g 的天平称量时，质量数值可保留至小数点后第 5 位。换算为克拉重量时，保留至小数点后第 3 位。克拉重量小数点后第 4 位逢 9 进 1，其他可忽略不计。

2. 公式计算

由于钻石切磨比例一般比彩色宝石标准，故可通过测量琢型钻石的尺寸大小，并利用一些经验公式来计算其近似的重量，特别适用于已镶嵌钻石的估重。不同琢型的钻石有不同的计算公式，其中以圆多面型钻石的计算公式估算重量误差最小，这是因为多数圆多面型钻石都按照标准比例切磨的。具体计算公式见表31。

表 30　钻石质量分类表

	钻坯质量分级（商业级）	抛光钻石的质量分级
超大钻	≥ 10.80ct。通常 ≥ 50ct 的钻石都会被单独命名，也称为记名钻，如质量为 158.786ct 的"常林钻石"。	无
大钻	2.0—10.79ct	≥ 1ct
中钻	0.75—1.99ct	0.25—0.99ct
小钻	0.74，每克拉 6 粒	0.05—0.24ct
混合小钻	≤ 0.73，每克拉 7—40 粒	
碎钻	无	≤ 0.04ct

表 31 标准比例琢型钻石钻石重量计算公式

琢型	计算公式（其中重量的单位是克拉；直径、长、宽和高的单位是毫米）
圆多面型钻石	重量 = 平均直径² × 高度 × K（K 取值范围 0.0061 ~ 0.0065）
椭圆型钻石	重量 = 平均直径² × 高度 × 0.0062（平均直径 = 长径和短径的平均值）
心型钻石	重量 = 长 × 宽 × 高 × 0.0059
祖母绿型钻石	重量 = 长 × 宽 × 高 × 0.0080 （长：宽 = 1.00：1.00）
	重量 = 长 × 宽 × 高 × 0.0092 （长：宽 = 1.50：1.00）
	重量 = 长 × 宽 × 高 × 0.0100 （长：宽 = 2.00：1.00）
	重量 = 长 × 宽 × 高 × 0.0106 （长：宽 = 2.50：1.00）
橄榄型钻石	重量 = 长 × 宽 × 高 × 0.00565 （长：宽 = 1.50：1.00）
	重量 = 长 × 宽 × 高 × 0.00580 （长：宽 = 2.00：1.00）
	重量 = 长 × 宽 × 高 × 0.00585 （长：宽 = 2.50：1.00）
	重量 = 长 × 宽 × 高 × 0.00595 （长：宽 = 3.00：1.00）
梨型钻石	重量 = 长 × 宽 × 高 × 0.00615 （长：宽 = 1.25：1.00）
	重量 = 长 × 宽 × 高 × 0.00600 （长：宽 = 1.50：1.00）
	重量 = 长 × 宽 × 高 × 0.00590 （长：宽 = 1.66：1.00）
	重量 = 长 × 宽 × 高 × 0.00575 （长：宽 = 2.00：1.00）

如果花式切工钻石的腰部厚度稍厚或更厚，以上所有公式都要进行腰部厚度重量校正。不同直径和不同腰部厚度的钻石，其校正系数也不同，可参考美国宝石学会的校正表（表32），大约加上总重量的1%~12%。

3. 腰围直径对照或计算

对于标准圆钻型镶嵌钻石，如果钻石高度无法测量，只根据其腰围平均直径亦可以估算出其近似质量。具体可参考注明参照超重比率中建议克拉重量表或利用简易经验公式。

$$质量 = \left(\frac{平均直径}{6.5}\right)^3$$

表32 花式切工钻石估算重量的腰部厚度修正系数表

腰厚（mm）	稍厚	厚	很厚	极厚
3.80 – 4.15	3%	4%	9%	12%
4.15 – 4.65	2%	4%	8%	11%
4.70 – 5.10	2%	3%	7%	10%
5.20 – 5.75	2%	3%	6%	9%
5.80 – 6.50	2%	3%	6%	8%
6.55 – 6.90	2%	2%	5%	7%
6.95 – 7.56	1%	2%	5%	7%
7.70 – 8.10	1%	2%	5%	6%
8.15 – 8.20	1%	2%	4%	6%

第五节　钻石"4C"分级证书设计

通过对送检样品的钻石进行品质分级，即颜色分级、净度分级、切工分级及克拉重量获取，根据客户要求，须出具钻石分级证书（图507～图508）。

根据《GB/T 16554-2017 钻石分级》国家标准规定，对钻石分级证书有以下具体要求。

一、钻石分级证书内容

在样品状态、测试条件允许时，必须包含：

（1）证书编号；

（2）检验结论；

（3）质量；

（4）颜色级别：荧光强度级别；

（5）净度级别：可列出内部特征、外部特征；

（6）切工

形状/规格：标准圆钻型规格的表示方式：最大直径 × 最小直径 × 全深；

比率级别：全深比、台宽比、腰厚比、亭深比、底尖比或其他参数；

修饰度级别：对称性级别、抛光级别。

（7）检验依据；

（8）签章和日期。

二、其他可选择内容

颜色坐标、净度坐标、净度素描图、切工比例截图、备注等。

图 507　钻石分级证书封面

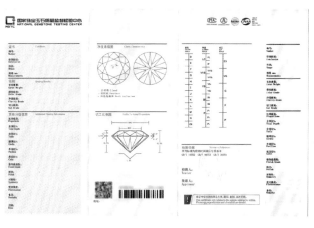

图 508　钻石分级证书内容

 课后阅读6：国际主要钻石分级体系

 课后阅读7：中国钻石分级体系

附录 A 钻石资源与评价

附录 B 钻石复习题集

附录 C 镶嵌首饰检验及评价

参考文献

1. 丘志力 . 宝石中的包裹体—宝石鉴定的关键 [M]. 冶金工业出版社，1995 年 .

2. 袁心强 . 钻分级的原理与方法 [M]. 中国地质大学出版社，1998 年 .

3. 史恩赐 . 国际钻石分级概论 [M]. 地质出版社，2001 年 .

4. 陈钟惠译 . 钻石证书教程 [M]. 中国地质大学出版社，2001 年 .

5. 陈钟惠译 . 钻石分级手册 [M]. 中国地质大学出版社，2001 年 .

6. 杨如增，廖宗廷 . 首饰贵金属材料及工艺学 [M]. 同济大学出版社，2002 年 .

7. 丘志力等编著 . 珠宝首饰系统评估导论 [M]. 中国地质大学出版社，2003 年 .

8. 王雅玫，张艳 . 钻石宝石学 [M]. 地质出版社，2004 年 .

9. 何雪梅，沈才卿 . 宝石人工合成技术（第三版）[M]. 化学工业出版社，2020 年 .

10. 张蓓莉 . 系统宝石学 [M]. 地质出版社，2006 年 .

11. 国家质量监督检验检疫总局 . 金伯利进程证书制度与毛坯钻石检验 [M]. 中国标准出版社，2006 年 .

12. 杜广鹏，陈征，奚波 . 钻石及钻石分级（第二版）[M]. 中国地质大学出版社，2012 年 .

13. 质量技术监督行业技能鉴定指导中心组编，施健主编 . 珠宝首饰检验与评估 [M]. 中国计量出版社，2010 年 .

14. 北大兴华宝石鉴定中心，国家首饰质量监督检验中心等 . 中华人民共和国国家标准 GB/T 18303-2008 钻石色级目测评价方法 [S]. 中国标准出版社，2008 年 .

15. 国家珠宝玉石质量监督检验中心 . 中华人民共和国国家标准 GB/T 16552-2017 珠宝玉石名称 [S]. 中国标准出版社，2017 年 .

16. 国家珠宝玉石质量监督检验中心 . 中华人民共和国国家标准 GB/T 16553-2017 珠宝玉石鉴定 [S]. 中国标准出版社，2017 年 .

17. 国家珠宝玉石质量监督检验中心 . 中华人民共和国国家标准 GB/T 16554-2017 钻石分级 [S]. 中国标准出版社，2017 年 .

18. 中国质量检验协会 . 团体标准 珠宝玉石鉴定 紫外可见光谱法 T/CAQI 75-2019[S].2019 年 .

19. 中国质量检验协会 . 团体标准 珠宝玉石鉴定 红外光谱法 T/CAQI 73-2019[S].2019 年 .

20. 中国质量检验协会 . 团体标准 显微激光拉曼光谱法 T/CAQI 133-2020[S].2020 年 .

21. 中国质量检验协会 . 团体标准 珠宝玉石鉴定 光致发光光谱法 T/CAQI 75-2019[S].2019 年 .

22. DZ/T 0294—2016 化学气相沉积法合成无色单晶钻石筛查和鉴定 [S]. 地质出版社，2016 年 .

23. 国家珠宝玉石质量监督检验中心，全国珠宝玉石标准化技术委员会 . 珠宝玉石国家标准释义 [M]. 中国质检出版社，中国标准出版社 ,2018 年 .

24. 国家黄金钻石制品质量监督检验中心，济南中乌新材料有限公司等 . 山东省地方标准 DB37/T 2948—2017 合成钻石的鉴定与分级 [S].2017 年 .

25. 国家珠宝玉石质量监督检验中心，国土资源部珠宝玉石首饰管理中心深圳珠宝研究所等 . 中华人民共和国地质矿产行业标准 .

26. 上海市计量测试技术研究院，国家金银制品质量监督检验中心（上海）等 . 团体标准 T/CAQI 77—2019 合成钻石检测方法 [S].2019 年 .

27. 深圳技术大学，华测珠宝钟表检测技术（深圳）有限公司等 . 团体标准 T/SATA 015—2019 培育钻石的鉴定与分级 [S].2019 年 .

28. 王新民，唐左军，王颖编著 . 钻石 [M]. 地质出版社，2012 年 .

29. 郭杰 . 宝石学基础 [M]. 上海人民美术出版社，2016 年 .

30. 郭杰，廖任庆 . 宝玉石检测基础与应用 [M]. 上海人民美术出版社，2018 年 .

31. Verena Pagel-Theisen.Diamond Grading ABC：Handbook for Diamond Grading[M].Rubin & Son，1990.

32. Jr.Liddicoat, Richard T.The Gia Diamond Dictionary,3rd Edition[M].Gemological Inst of Amer，1993.